Ahmed Benfarah

Sécurisation d'un lien radio UWB-IR

Ahmed Benfarah

Sécurisation d'un lien radio UWB-IR

Solutions de sécurisation hybrides cryptographie/couche physique

Presses Académiques Francophones

Impressum / Mentions légales

Bibliografische Information der Deutschen Nationalbibliothek: Die Deutsche Nationalbibliothek verzeichnet diese Publikation in der Deutschen Nationalbibliografie; detaillierte bibliografische Daten sind im Internet über http://dnb.d-nb.de abrufbar.
Alle in diesem Buch genannten Marken und Produktnamen unterliegen warenzeichen-, marken- oder patentrechtlichem Schutz bzw. sind Warenzeichen oder eingetragene Warenzeichen der jeweiligen Inhaber. Die Wiedergabe von Marken, Produktnamen, Gebrauchsnamen, Handelsnamen, Warenbezeichnungen u.s.w. in diesem Werk berechtigt auch ohne besondere Kennzeichnung nicht zu der Annahme, dass solche Namen im Sinne der Warenzeichen- und Markenschutzgesetzgebung als frei zu betrachten wären und daher von jedermann benutzt werden dürften.

Information bibliographique publiée par la Deutsche Nationalbibliothek: La Deutsche Nationalbibliothek inscrit cette publication à la Deutsche Nationalbibliografie; des données bibliographiques détaillées sont disponibles sur internet à l'adresse http://dnb.d-nb.de.
Toutes marques et noms de produits mentionnés dans ce livre demeurent sous la protection des marques, des marques déposées et des brevets, et sont des marques ou des marques déposées de leurs détenteurs respectifs. L'utilisation des marques, noms de produits, noms communs, noms commerciaux, descriptions de produits, etc, même sans qu'ils soient mentionnés de façon particulière dans ce livre ne signifie en aucune façon que ces noms peuvent être utilisés sans restriction à l'égard de la législation pour la protection des marques et des marques déposées et pourraient donc être utilisés par quiconque.

Coverbild / Photo de couverture: www.ingimage.com

Verlag / Editeur:
Presses Académiques Francophones
ist ein Imprint der / est une marque déposée de
OmniScriptum GmbH & Co. KG
Heinrich-Böcking-Str. 6-8, 66121 Saarbrücken, Deutschland / Allemagne
Email: info@presses-academiques.com

Herstellung: siehe letzte Seite /
Impression: voir la dernière page
ISBN: 978-3-8381-4243-2

Remerciements

J'exprime toute ma gratitude pour mes encadrants Cédric Lauradoux, Benoit Miscopein et Jean-Marie Gorce. Grâce à leurs qualités d'encadrement, conseils, disponibilités et soutien, ce travail de thèse a pu être élaboré. L'échange et le contact avec mes encadrants durant ces trois années de thèse ont contribué à ma formation et ont enrichi mon expérience scientifiquement et humainement. Je remercie également M. Bernard Roux, professeur à l'Insa de Lyon.

Je tiens à remercier M. Bernard Uguen, professeur à l'université de Rennes 1 et M. Laurent Clavier, professeur à Télécom Lille 1 de m'avoir fait l'honneur d'accepter de rapporter mes travaux de thèse. Je remercie aussi M. Philippe Ciblat, professeur à Télécom ParisTech et M. Jean-Marc Brossier professeur à Grenoble-INP d'avoir accepter de juger mon travail.

J'adresse mes remerciements à l'unité de recherche TECH/MATIS/CITY au sein de l'entreprise Orange Labs pour le bon accueil dans ses locaux et le financement de mes travaux. Je souhaite remercier les deux responsables qui ont dirigé l'unité, M. Vincent Gimeno et M. Jean-Pierre Madillo et tous les membres de l'unité. Je remercie mes collègues pour l'environnement du travail agréable : Dominique Barthel, Frédéric Evvenou, Jean Schwoerer, Apostolos Kontouris, David Cibaud, Marylin Arndt... Je tiens à remercier également mon laboratoire académique CITY de l'Insa de Lyon qui m'a accueilli un jour par semaine tout au long de la thèse et m'a financé la participation à des séminaires et des écoles d'été. Je remercie tous les membres du laboratoire et toutes les personnes que j'ai eu le plaisir à faire connaissance : Tanguy Risset, Marine Minier, Guillaume Salagnac, Gaelle Tworkowski, Anis Ouni, Paul Ferrand, Ibrahim Amadou ...

J'adresse un grand merci pour mes amis collègues pour les moments sympathiques, les activités et les sorties que nous avons partagés ensemble à la ville de Grenoble. Je pense à Stéphane, Bilel, Quentin, Ochir, Camille, Zheng, Blerta, Sami, Alya...

Enfin, je dédicace ce travail à toute ma famille. J'exprime ma reconnaissance pour mes parents Slaim et Naama, ma sœur Amène, mon frère Oussama et mes grands-parents Mohamed et Fatma. Malgré les distances, vous étiez comme toujours proches et présents pour me soutenir et m'aider à surmonter toutes les difficultés.

Table des matières

Table des figures

Acronymes

AES	Advanced Encryption Standard
AoA	Angle of Arrival
ATSC-DTV	Advanced Television Systems Committee-Digital TV
AWGN	Additive White Gaussian Noise
BAN	Body Area Networks
BFSK	Binary Frequency Shift Keying
BPM	Burst Position Modulation
BPSK	Binary Phase Shift Keying
CBC	Cipher Block Chaining
CM	Channel Model
DAA	Detect And Avoid
DB	Distance Bounding
DES	Data Encryption Standard
DoS	Denial of Service
DSSS	Direct Sequence Spread Spectrum
DVB-H	Digital Video Broadcast-Handheld
ECB	Electronic Code Book
ECC	Electronic Communications Committee
FCC	Federal Communications Commission
FHSS	Frequency Hopping Spread Spectrum
GPS	Global Positioning System
GSM	Global System for Mobile Communications
HK	Hancke & Kuhn
LAN	Local Area Networks
LDC	Low Duty Cycle
LDPC	Low Density Parity Check
LFSR	Linear Feedback Shift Register
LOS	Line Of Sight
LPI	Low Probability of Intercept

MAN	Metropolitan Area Networks
MFN	Multiple Frequency Network
MIMO	Multiple Input Multiple Output
MRC	Maximum Ratio Combining
MUSE	MUlti-State Enhancement
NFC	Near Field Communications
NLOS	Non Line Of Sight
OFB	Output Feed Back
OFDM	Orthogonal Frequency Division Multiplexing
OOK	On Off Keying
PAN	Personal Area Networks
PPM	Pulse Position Modulation
PRP	Pulse Repetition Period
PSM	Pulse Position Modulation
QPSK	Quadrature Phase Shift Keying
RFID	Radio Frequency IDentification
RSSI	Received Signal Strength Indication
RTT	Round Trip Time
SFN	Single Frequency Network
SISO	Single Input Single Output
SMCP	Secret Mapping Code Protocol
STHCP	Secret Time-Hopping Code Protocol
TH-UWB	Time-Hopping Ultra Wide Band
UWB-IR	Ultra Wide Band-Impulse Radio
WAN	Wide Area Networks
WEP	Wired Equivalent Privacy
WPA	WiFi Protected Access
WSNs	Wireless Sensor Networks

Introduction générale

Contexte

Durant les deux dernières décennies, les réseaux sans fil ont connu un grand essor et une demande importante du grand public. Ces réseaux ont les avantages de la facilité de connectivité et de la mobilité. Les réseaux sans fil peuvent être classifiés selon leur portée en plusieurs catégories, on trouve les réseaux étendus WAN (*Wide Area Networks*), les réseaux métropolitains MAN (*Metropolitan Area Networks*) et les réseaux locaux LAN (*Local Area Networks*). Depuis quelques années, on a pu constater une émergence rapide d'une nouvelle catégorie caractérisée par des communications sans fil à courte portée (de quelques mètres à des dizaines de mètres) : les réseaux personnels PAN (*Personal Area Networks*). Les technologies entrant dans cette catégorie sont très variées, on peut citer ZigBee, Bluetooth, les systèmes RFID (*Radio Frequency IDentification*), les communications NFC (*Near Field Communication*) et les réseaux corporels BAN (*Body Area Networks*). Ces technologies ont des applications très diverses comme la domotique, la mesure des données environnementales, le paiement sans contact, la logistique, etc. Aujourd'hui, les nouveaux téléphones portables sont équipés de technologies à courte portée comme Bluetooth et NFC.

La radio impulsionnelle ultra large bande UWB-IR (*Ultra Wide Band-Impulse Radio*) est une candidate intéressante pour les réseaux sans fil à courte portée. Issue du monde du radar et de la recherche militaire, la radio UWB-IR a été adoptée au monde des télécommunications dans les années 1990. Le principe de la radio impulsionnelle repose sur l'émission des impulsions très brèves directement en bande de base. Ce principe de transmission permet de recourir à des architectures d'émission/réception simplifiées ayant un faible coût. Une caractéristique remarquable de la radio UWB-IR est la grande largeur de bande qui peut aller de plusieurs centaines de MHz à quelques GHz. Cette caractéristique assure une robustesse dans les environnements de propagation sévères. De plus, cette même caractéristique offre une

1

résolution temporelle très fine permettant la localisation en environnement *indoor*. La structure du symbole UWB-IR autorise une flexibilité du débit ce qui est avantageux pour diversifier les applications. Sur le plan de la standardisation, la technologie UWB-IR a été standardisée comme couche physique alternative à ZigBee avec le standard IEEE 802.15.4a-2007 [1]. Elle a été standardisée aussi en 2012 comme couche physique possible pour les réseaux BAN avec le standard IEEE 802.15.6 [2]. Sur le plan académique et industriel, l'intérêt pour la radio UWB-IR s'est développé depuis 2002, la date de réglementation des systèmes UWB par l'organisme FCC (*Federal Communication Commission*) [3]. Orange Labs s'est intéressée à la technologie UWB-IR à travers le financement de quatre thèses [4–7]. La thèse de J. Schwoerer [4] a été consacrée à la proposition et l'implémentation d'une couche physique UWB-IR bas débit. La thèse de J. Hamon [5] s'est intéressée à l'implémentation d'un récepteur UWB-IR en logique asynchrone. La thèse de B. Miscopein [6] a étudié les systèmes UWB impulsionnels non-cohérents pour les réseaux de capteurs. Finalement, la thèse de S. M. Ekome [7] a été dédiée à la conception d'une couche physique UWB-IR pour les réseaux BAN.

Les communications sans fil présentent des vulnérabilités sérieuses en termes de sécurité à cause de la nature ouverte du canal radio. En effet, *l'écoute* peut être effectuée sans avoir recours à des dispositifs technologiques avancés ce qui menace la confidentialité de l'information. De plus, un adversaire peut facilement *brouiller* le canal radio et ainsi empêcher les utilisateurs légitimes de l'accès au réseau. D'autre part, en *relayant* les signaux physiques, l'adversaire est en mesure de gagner un accès non-autorisé aux ressources du réseau. Les mécanismes de sécurité ont pour but de protéger les réseaux contre les attaques et d'assurer les services de confidentialité, intégrité, authentification, disponibilité, etc. Traditionnellement, les protocoles de sécurité sont conçus dans les couches hautes des protocoles de communication. Cette approche de conception suit le principe des sept couches du modèle OSI. La philosophie de cette modélisation consiste à séparer les fonctionnalités de chaque couche et par suite de concevoir les protocoles relatifs à chaque couche indépendamment des autres.

Un nouveau domaine de recherche s'est développé ces dernières années sous le nom de sécurité par la couche physique (*physical layer security*). Ce domaine couvre plusieurs axes de recherche qui convergent vers la notion d'exploiter les potentiels fournis par la couche physique pour apporter des solutions de sécurisation pour les communications sans fil. Je pense que deux raisons principales justifient le développement de ce nouveau domaine de recherche. En premier lieu, un nouveau modèle

2

de conception des protocoles de communication est apparu cette dernière décennie, appelé conception inter-couches (*cross-layer design*). Ce modèle se distingue de la modélisation OSI par la conception des protocoles en considérant conjointement les fonctionnalités de certaines couches. En second lieu, plusieurs attaques contre les communications sans fil sont effectuées dans les couches basses notamment dans la couche physique. Ces attaques ne peuvent pas être résolues par des solutions dans les couches hautes et par conséquent les aspects de la couche physique devraient être considérés.

La radio UWB-IR présente des caractéristiques qui en font une technologie intéressante pour la sécurité par la couche physique. En effet, la puissance rayonnée très faible imposée par la réglementation procure une bonne aptitude pour établir des communications secrètes. De plus, la faible occupation du canal en raison de la nature épisodique de la radio impulsionnelle rend l'interception ou le brouillage plus difficile par rapport aux communications sans fil classiques. On bénéficie aussi de la grande précision de localisation qui peut être exploitée pour détecter ou éviter des attaques. Toutes ces propriétés justifient l'exploration du potentiel de la radio UWB-IR afin de renforcer la sécurité.

Problématiques et objectifs

Mon objectif principal dans ce travail de thèse est le renforcement de la sécurité des communications sans fil à l'aide des mécanismes de la couche physique UWB-IR. Les mécanismes proposés adressent plusieurs problèmes de sécurité. Je traite les attaques par relais et le brouillage. Ensuite, je considère le problème d'intégration de la sécurité dans la couche physique (*embedding*).

L'attaque par relais consiste à relayer les signaux physiques entre les deux entités sans fil. Cette attaque rend possible l'usurpation d'identité contre les protocoles d'authentification sans nécessiter de résoudre des problèmes cryptographiques. La réalisation de cette attaque a été illustrée sur plusieurs technologies comme les systèmes RFID [8], le Bluetooth [9] et les communications NFC [10]. Les protocoles de *distance bounding* ont été proposés pour remédier à ces attaques. Ils combinent l'authentification et une mesure de la distance. Des nombreux protocoles de *distance bounding* existent mais la plupart d'entre eux ne reposent sur aucune base d'implémentation. Mon objectif était de concevoir de nouveaux protocoles sur une radio UWB-IR. Pour cela, je propose deux nouveaux protocoles STHCP et SMCP qui exploitent les paramètres de la radio UWB-IR. Avec le premier protocole STHCP

(*Secret Time-Hopping Code Protocol*), les codes de saut-temporel utilisés sont secrets, alors que pour le second protocole SMCP (*Secret Mapping Code Protocol*), les codes de *mapping* sont secrets. Ce travail a été publié dans la conférence internationale *IEEE Globecom 2012* [11].

Le brouillage constitue une grande menace contre la sécurité des communications sans fil. L'adversaire peut effectuer un déni de service en simplement brouillant le canal de communication. Les communications anti-brouillage traditionnelles sont les systèmes à étalement de spectre à savoir les communications DSSS (*Direct-Sequence Spread Spectrum*) et FHSS (*Frequency-Hopping Spread Spectrum*). La communication *time-hopping* UWB n'est pas une technique d'étalement de spectre proprement dite, mais elle présente les propriétés d'une communication anti-brouillage. La littérature de l'analyse des communications DSSS et FHSS en présence de brouillage est très riche. Par contre, celle concernant la communication *time-hopping* UWB l'est beaucoup moins. En particulier, les travaux étudiant la robustesse du récepteur non-cohérent au brouillage restent limités. Ainsi, je me focalise sur l'impact d'un brouilleur gaussien sur un récepteur UWB non-cohérent employant une modulation PPM. L'adversaire va chercher à optimiser ses paramètres (fréquence centrale et largeur de bande) pour maximiser l'impact de son attaque sur le système de communication. L'objectif de mon étude est la détermination du brouilleur gaussien pire cas afin de quantifier la dégradation maximale. J'ai établi les relations entre les paramètres du brouilleur pire cas et ceux de la communication UWB-IR. Ce travail a abouti à une publication dans la conférence internationale *IEEE ICUWB 2011* [12].

Au delà de ces travaux sur le brouilleur pire cas, j'ai proposé un nouveau modèle plus complet conçu par analogie avec les attaques contre le système de chiffrement. Ce nouveau modèle conduit à l'étude de plusieurs scénarios de brouillage allant du cas le plus favorable à la communication jusqu'au pire cas. La radio *time-hopping* UWB a été analysée avec ce nouveau modèle. L'analyse montre que cette radio devient très vulnérable au brouillage en présence des scénarios les moins favorables. J'ai proposé une contre-mesure dont le principe repose sur l'utilisation du chiffrement par flot dans la couche physique. La contre-mesure permet de restreindre le problème de brouillage pour la radio *time-hopping* UWB au scénario le plus favorable pour la transmission. Ce travail a fait l'objet d'une publication à la conférence internationale *IEEE WCNC 2012* [13] et un dépôt de brevet [14].

L'intégration de la sécurité est généralement effectuée dans les couches supérieures des protocoles de communication selon l'approche de multiplexage temporel. Une alternative à cette approche d'intégration est *l'embedding*. Il existe des techniques *d'embedding* dans la littérature pour différentes technologies sans fil et dans divers contextes d'utilisation. Néanmoins, ces techniques nécessitent un travail d'adaptation et ne peuvent pas être appliquées directement pour la technologie UWB-IR. Je fais le choix de concevoir des techniques *d'embedding* spécifiques à la radio UWB-IR. J'ai proposé deux nouvelles techniques *d'embedding* qui reposent sur la superposition d'une forme d'onde orthogonale à l'impulsion d'origine. L'analyse montre que les deux techniques permettent de répondre à toutes les contraintes spécifiées par le système. Ce travail a été publié dans la conférence internationale *IEEE Globecom 2012* [15].

Organisation du manuscrit

Le manuscrit est structuré en cinq chapitres : les deux premiers chapitres sont introductifs et les trois derniers chapitres sont consacrés à mes contributions.

Le chapitre 1 introduit les notions de base de la radio impulsionnelle UWB-IR. Après avoir présenté les avantages et l'aspect réglementaire de cette radio, je décris les éléments de la chaîne de communication UWB-IR. De plus, un modèle des performances est introduit pour les deux structures de réception cohérente et non-cohérente. Finalement, je fais un point sur le standard IEEE 802.15.4a qui est une application de la radio UWB-IR pour les réseaux personnels bas débit.

Le chapitre 2 aborde les problématiques de sécurité dans les communications sans fil. Plusieurs attaques contre ces communications sont abordées, en particulier l'écoute, l'attaque par relais et le brouillage. L'objectif des mécanismes de sécurité est de protéger les échanges des attaques et d'assurer les exigences de confidentialité, intégrité, authentification, etc. Deux solutions de sécurisation contre l'écoute sont présentées : le chiffrement et la sécurité par la couche physique.

Le chapitre 3 présente mes contributions concernant les protocoles de *distance bounding*. D'abord, l'attaque par relais est introduite et illustrée à travers des exemples. Ensuite, je présente une étude bibliographique sur les protocoles de *distance bounding* et leur analyse de sécurité. Par la suite, j'introduis mes deux nouveaux protocoles STHCP et SMCP construits sur une radio UWB-IR. L'analyse de sécurité des deux protocoles est organisée en deux étapes : en absence et en présence du bruit. Finalement, la sécurité de mes protocoles est comparée à l'état de l'art selon plusieurs critères de comparaison.

Le chapitre 4 est consacré au problème de brouillage. Mon étude bibliographique sur le sujet montre les différentes métriques d'analyse, les modèles et les travaux existants sur la robustesse de la communication *time-hopping* UWB. Après cette introduction, je présente mes contributions concernant la détermination des paramètres d'un brouilleur gaussien pire cas contre la radio UWB-IR ainsi qu'un nouveau modèle d'analyse pour le brouillage.

Le chapitre 5 est dédié à mes contributions au paradigme d'*embedding*. D'abord, ce paradigme est défini et mis dans son contexte historique. Par la suite, je décris deux nouvelles techniques *d'embedding* spécifiques à la radio UWB-IR et je fixe leurs contexte d'utilisation.

1 Communication UWB-IR

Sommaire

1.1 Introduction

Un signal ultra large bande UWB (*Ultra Wide Band*) est défini par l'organisme FCC (*Federal Communication Commission*)[1] comme un signal répondant à l'un des deux critères suivants :

– largeur de bande à -10 dB supérieure à 500 MHz ;

– largeur de bande à -10 dB supérieure à 20% de la fréquence centrale.

---

1. l'organisme responsable de la réglementation du spectre aux Etats-Unis.

Cette définition adoptée par l'ensemble de la communauté est assez large et comprend différentes technologies allant de l'approche multi-porteuses aux approches impulsionnelles. C'est le mode impulsionnel que je considère tout au long de la thèse. Le principe original de ce mode consiste à l'émission d'une impulsion de très courte durée directement en bande de base. Les grandeurs en jeu sont de l'ordre de la nano-seconde pour la durée de l'impulsion ; elle occupe un spectre très large (GHz). La radio impulsionnelle caractérisée par une émission en bande de base se distingue clairement de la radio à bande étroite avec onde porteuse. Le signal radio impulsionnel ultra large bande UWB-IR est à très faible rapport cyclique : la durée de l'impulsion est très faible par rapport à la période de répétition PRP (*Pulse Repetition Period*).

La technologie UWB-IR a été introduite dans les années 1970 avec comme principal domaine d'application les radars. Elle s'est orientée vers les applications de communication suite à la parution de l'article de *Robert Scholtz* à IEEE MILCOM [16] en 1993. Il a cependant fallu attendre février 2002 pour que la radio UWB-IR connaisse un réel essor dans le monde académique et industriel. En effet, cette date clé correspond à la décision historique de la FCC d'attribution d'une bande très large, entre 3,1 GHz et 10,6 GHz, sans licence pour les systèmes UWB [3].

1.2 Avantages des communications large bande

Une question peut se poser sur l'intérêt des communications large bande par rapport à la radio bande étroite. Un élément de réponse vient du théorème de Shannon qui établit l'expression de la capacité d'un canal de communication [17]. En effet, le théorème montre que la capacité du canal augmente linéairement avec la largeur de bande du signal et logarithmiquement avec le rapport signal à bruit. Ainsi, il est plus intéressant d'augmenter la largeur de bande pour atteindre des débits importants que d'accroître le rapport signal à bruit. C'est le fondement majeur du "large bande" vis-à-vis des systèmes à bande étroite. Pour les applications bas débit, l'utilisation du large bande permet d'établir des communications sur une portée plus importante.

Un deuxième avantage des signaux UWB est leur grande résolution temporelle. Cette propriété rend les systèmes UWB plus robustes aux évanouissements multi-trajets. En effet, le récepteur est plus apte à discerner chacun des trajets [18]. C'est pourquoi la probabilité de recombinaison destructive des trajets est faible. Une autre conséquence fondamentale de la très bonne résolution temporelle des signaux UWB est son exploitation pour la localisation. Ce service est obtenu par la mesure du temps de vol et une précision centimétrique peut être atteinte. Ainsi, la technologie UWB est bien placée pour l'implémentation des systèmes de localisation en environnement *indoor* [19].

Les avantages pré-mentionnés sont communs pour toutes les communications large bande. Un avantage spécifique de la radio impulsionnelle provient de la possibilité de cibler des architectures à faible coût et moindre consommation. La transmission des impulsions directement en bande de base simplifie les étages RF de l'émetteur. Contrairement au système radio bande étroite conventionnel, il n'est pas nécessaire avec la radio impulsionnelle d'implémenter les étages de la translation fréquentielle. Ainsi, l'architecture d'émission et aussi de réception des systèmes UWB-IR s'avère relativement simplifiée.

1.3 Réglementation

Avant l'introduction d'une nouvelle technologie sans fil sur le marché, une phase de réglementation est nécessaire pour allouer les ressources spectrales, définir les niveaux d'émission et assurer la cohabitation avec les systèmes existants. L'organisme américain FCC a été le premier à évoquer la question de la réglementation des systèmes UWB. Ensuite, les instances de réglementation des autres continents ont suivi.

1.3.1 Réglementation américaine

Comme mentionné précédemment, la décision de la FCC en 2002 de réglementer les systèmes UWB était cruciale pour le développement de cette technologie. La décision visait à chercher le compromis entre le soutien d'une technologie émergente et la protection des systèmes existants. Pour cette raison, l'ouverture de la bande très large (3,1-10,6 GHz) sans licence pour les systèmes UWB était accompagnée d'une restriction forte sur la puissance mise en jeu.

Le document de la réglementation [3] définit les limites sur la densité spectrale de puissance (ou bien la puissance isotropique rayonnée équivalente PIRE) moyenne et crête. Ainsi, la limite sur la densité spectrale de puissance moyenne est de **-41,3 dBm/MHz** sur la bande 3,1-10,6 GHz. Cette valeur correspond au niveau autorisé par les rayonnements parasites émis involontairement par tout appareil électronique ce qui révèle la limite forte imposée par l'organisme de réglementation. En ce qui concerne la densité spectrale de puissance crête, elle ne doit pas dépasser la limite de 0 dBm/50 MHz.

1.3.2 Réglementation européenne

La décision de l'ECC (*Electrnonic Communications Committee*)[2] concernant la réglementation des systèmes UWB n'est parue qu'en mars 2006 [20]. Ce retard par rapport à son homologue américain s'explique par la position prudente de l'instance européenne. L'ECC a ouvert seulement la bande du spectre entre 6-8,5 GHz avec le même niveau d'émission spécifié par la FCC. Particulièrement, elle a interdit l'émission dans la bande 3,1-4,8 GHz avec une limite d'émission située entre -85 et -70 dBm/MHz pour protéger les services mobiles existants dans la bande basse.

Cette interdiction a été relâchée avec une nouvelle décision de l'ECC [21]. Par suite, l'émission dans la bande 3,1-4,8 GHz a été autorisée à condition de l'utilisation des techniques de réduction d'interférence (*cf.* Figure 1.1). Il s'agit de la technique de réduction du facteur d'activité LDC (*Low Duty Cycle*) ou bien la technique de détection et évitement DAA (*Detect and Avoid*). Pour plus ample d'informations sur ces techniques, le lecteur peut se référer au document [21].

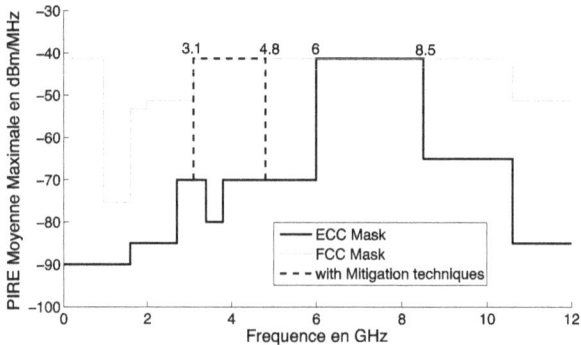

FIGURE 1.1 – Masques d'émission des signaux UWB autorisés en Europe (ECC) et aux Etats-Unis (FCC).

1.3.3 Possibilité de convergence mondiale

Le processus de réglementation est spécifique suivant les régions où chaque pays a sa politique d'allocation du spectre. Par conséquent, une convergence à l'échelle mondiale semble difficile. Néanmoins, une bande dans la haute fréquence (7,25-8,5) GHz se révèle disponible presque mondialement. Une autre bande moins large paraît

2. instance européenne de la réglementation du spectre.

converger entre 4,2-4,8 GHz mais avec la contrainte de l'utilisation des techniques de réduction des interférences.

1.4 Système d'émission

Dans cette section, je détaille le principe de génération du signal d'émission et j'explique les différents paramètres de la radio UWB-IR avec sa variante sautt-temporel (time-hopping UWB). Je commence par introduire le modèle de l'impulsion élémentaire. Ensuite, je définis les modulations utilisées dans les systèmes UWB. Enfin, je termine par une description complète du symbole TH-UWB contenant le bit d'information.

1.4.1 L'impulsion élémentaire

L'idée de base de la radio impulsionnelle repose sur l'utilisation d'une impulsion élémentaire de très brève durée. Cette impulsion élémentaire est le support de l'information. Le modèle de l'impulsion proposé dans les premiers travaux sur la radio impulsionnelle était le *monocycle gaussien* [16, 22, 23]. L'expression mathématique de l'impulsion $p(t)$ normalisée et modélisée par ce monocycle gaussien est :

$$p(t) = \sqrt{\frac{1}{\sqrt{2\pi}\sigma}} \cdot \frac{t}{\sigma} \cdot e^{-\frac{t^2}{4\sigma^2}}. \tag{1.1}$$

Le facteur σ détermine la durée et la largeur de bande de l'impulsion.

Cependant, le monocycle gaussien a été abandonné suite à la publication de la réglementation de la FCC puisqu' il ne respecte pas les masques d'émission réglementaires. De ce fait, il a été remplacé par des ondelettes gaussiennes : un monocycle ou bien une gaussienne multipliés par un signal sinusoïdal. Les expressions mathématiques des ondelettes gaussiennes d'ordre 0 et 1 sont données respectivement par :

$$p(t) = \sqrt{\frac{2}{\sqrt{\pi}\sigma}} \cdot e^{-\frac{t^2}{2\sigma^2}} \cdot \sin(2\pi f_c t); \tag{1.2}$$

$$p(t) = \sqrt{\frac{2}{\sqrt{2\pi}\sigma}} \cdot \frac{t}{\sigma} \cdot e^{-\frac{t^2}{4\sigma^2}} \cdot \sin(2\pi f_c t). \tag{1.3}$$

Le facteur σ détermine toujours la largeur de bande de l'impulsion et la fréquence du signal sinusoïdal f_c permet de positionner l'impulsion dans la bande souhaitée. La Figure 1.2 représente l'évolution temporelle et fréquentielle d'une ondelette gaussienne satisfaisant le masque d'émission européen de l'ECC dans la bande haute 6-8,5 GHz.

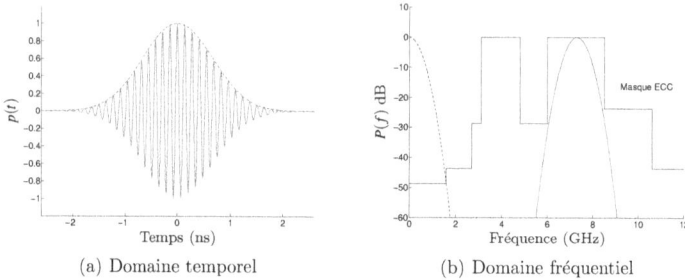

(a) Domaine temporel   (b) Domaine fréquentiel

FIGURE 1.2 – Allure temporelle et fréquentielle de l'ondelette gaussienne dans la bande autorisée par l'ECC.

1.4.2 Modulations utilisées

L'impulsion élémentaire est le support de l'information. Mais, la transmission de l'information nécessite l'opération de modulation. La Figure 1.3 représente les schémas de modulation les plus utilisés dans les systèmes UWB [24].

– Modulation par polarité de l'impulsion : connue sous le nom BPSK (*Binary Phase Shift Keying*). Avec cette modulation, l'information est modulée par la phase de l'impulsion 0 ou π. La modulation BPSK a l'avantage de la robustesse au bruit.

– Modulation par position : dite PPM (*Pulse Position Modulation*) où l'information est modulée par un décalage temporel noté δ entre les deux impulsions correspondant aux deux états de la modulation. Je distingue la modulation PPM à "petite échelle" et à "large échelle" suivant la relation entre δ et la PRP. La PPM à petite échelle a été proposée dans les premiers travaux sur l'UWB [16,22] et elle est caractérisée par un décalage temporel δ très largement inférieur par rapport à la PRP. Ensuite, la PPM à large échelle a été proposée afin de faciliter la mise en œuvre. Elle est caractérisée par un décalage δ de même ordre de grandeur que la PRP ($\delta \approx PRP/2$).

– Modulation tout-ou-rien : ou OOK (*On Off Keying*). Le principe de cette modulation est simple, l'information est modulée par la présence ou bien l'absence de l'impulsion. En comparaison avec le schéma des autres modulations, la modulation OOK permet la transmission de deux fois moins d'impulsions. Par conséquent, la puissance pic de la modulation OOK peut être doublée pour une puissance moyenne d'émission équivalente aux autres modulations.

Les modulations usuelles dans les systèmes UWB sont des modulations binaires. Cela s'explique par la puissance d'émission très faible dans ces systèmes d'où le recours à des modulations plus robustes. Il est à noter que pour des récepteurs optimaux en présence d'un canal à bruit blanc additif gaussien AWGN (*Additive White Gaussian Noise*), la modulation BPSK assure un gain de performance qui s'élève à 3 dB par rapport aux modulations PPM et OOK [25].

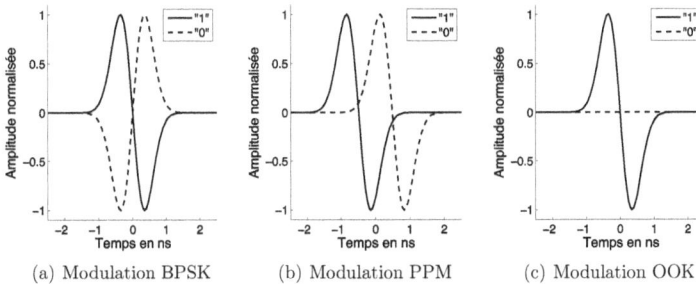

(a) Modulation BPSK   (b) Modulation PPM   (c) Modulation OOK

FIGURE 1.3 – Techniques de modulation des systèmes UWB-IR.

Il existe d'autres techniques de modulation utilisées dans la radio impulsionnelle mais moins populaires. A titre d'exemple, je cite la modulation par la forme de l'impulsion PSM (*Pulse Shape Modulation*) proposée pour la première fois dans les systèmes UWB dans [26]. Cette modulation nécessite la génération des deux impulsions orthogonales ayant le même support temporel.

1.4.3 Construction d'un symbole TH-UWB

Code de saut-temporel

D'après la théorie du signal, un signal périodique fait apparaître des raies spectrales aux fréquences multiples de la période. Afin de rompre la périodicité du signal UWB et réduire les raies spectrales, un code de saut-temporel TH est utilisé. Ainsi, l'unité temporelle trame de durée T_f est subdivisée en N_c *slots* chacun de durée T_c. La séquence (ou code) de saut notée $\{S_j\} \in [0,\dots,N_c-1]$ va définir le numéro de *slot* occupé par l'impulsion (*le chip*) dans la trame. La trame contiendra une seule impulsion. La période de la séquence de saut doit répondre à la contrainte réglementaire spécifiant que la période du signal émis doit être supérieure à une microseconde. Le code de saut est généré à partir d'une séquence pseudo-aléatoire. Les articles [27–29] présentent des exemples de familles des séquences de saut utilisées en TH-UWB.

La séquence de saut peut être utilisée éventuellement pour permettre l'accès multiple au canal à la manière des séquences d'étalement dans les systèmes à étalement de spectre [30]. Le rôle de la séquence de saut peut servir ici à différencier plusieurs terminaux UWB.

Code de *mapping*

L'émission d'une seule impulsion par symbole n'est pas suffisante pour permettre une réception satisfaisante car la puissance d'émission est très faible. Il faut donc émettre plusieurs impulsions par symbole. L'association de plusieurs impulsions à un symbole peut s'exprimer par l'application d'une fonction de *mapping* g :

$$g : \quad \mathbb{F}_2 \rightarrow \mathbb{F}_2^{N_f};$$

avec $\mathbb{F}_2$ le corps de Galois à deux éléments et $\mathbb{F}_2^{N_f}$ une extension d'ordre N_f. Soit $b \in \mathbb{F}_2$ le symbole d'information ; je suppose dans tout le manuscrit une source d'information uniforme et sans mémoire. Je note $C = g(b)$ le code de *mapping* correspondant au symbole d'information avec $C = (c_0, c_1, \cdots, c_{N_f-1})$, tel que $\forall j \in [0, N_f - 1], c_j \in \mathbb{F}_2$. Une fonction de *mapping* simple peut être la répétition mais on peut aussi trouver des constructions plus complexes. A partir du code de *mapping*, on connaît la modulation des différentes impulsions constituant le symbole. La durée du symbole T_s est un multiple de la durée trame ; $T_s = N_f \times T_f$.

Un avantage de la radio impulsionnelle est la flexibilité du débit. Il est facilement paramétré par le nombre d'impulsions par symbole N_f. Le choix de ce paramètre est gouverné par le compromis entre débit et robustesse.

La Figure 1.4 illustre un exemple d'un symbole TH-UWB avec les paramètres suivants : modulation BPSK, $N_c = 6$, $N_f = 4$, un code de saut $S = \{0, 3, 1, 5\}$ et un code de *mapping* défini de la manière suivante [4] :

$$C = \begin{cases} (0, 1, 0, 1) & \text{si } b = 0, \\ (1, 0, 1, 0) & \text{si } b = 1. \end{cases} \quad (1.4)$$

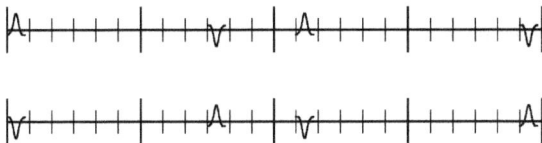

FIGURE 1.4 – Structure d'un symbole TH-UWB avec modulation BPSK, $N_f = 4$, $N_c = 6$ et $S = \{0, 3, 1, 5\}$ - Symbole "1" en haut et Symbole "0" en bas .

L'expression du signal émis pour un symbole TH-UWB avec les trois modulations BPSK, PPM et OOK est donnée par :

$$s(t) = \sum_{j=0}^{N_f-1} \sqrt{E_p} \cdot (2C_j - 1) \cdot p(t - jT_f - S_jT_c); \quad (BPSK) \tag{1.5}$$

$$s(t) = \sum_{j=0}^{N_f-1} \sqrt{E_p} \cdot p(t - jT_f - S_jT_c - C_j\delta); \quad (PPM) \tag{1.6}$$

$$s(t) = \sum_{j=0}^{N_f-1} \sqrt{E_p} \cdot C_j \cdot p(t - jT_f - S_jT_c); \quad (OOK) \tag{1.7}$$

avec E_p qui désigne l'énergie de l'impulsion.

Finalement, je résume les principaux paramètres qui décrivent le symbole TH-UWB :

- la durée symbole T_s ;
- le symbole est subdivisé en N_f trames, chacune de durée T_f ;
- la trame est aussi subdivisée en N_c *slots* dont la durée est T_c ;
- le code de saut $\{S_j\}$ détermine la position des impulsions dans les *slots*,
- le code de *mapping* $\{C_j\}$ définit la modulation des impulsions d'un même symbole,
- l'impulsion élémentaire $p(t)$ de durée T_p.

1.5   Modèle du canal

Le signal émis subit des distorsions après passage par le canal de propagation. L'objectif de la modélisation du canal est d'apporter un modèle statistique des distorsions introduites. Elle permet également de définir un canal type pour des tests de performance des récepteurs. Le canal UWB est caractérisé essentiellement par une réponse impulsionnelle présentant un nombre très important de trajets et un étalement temporel long $>> T_p$.

On a pris comme base de travail les modèles statistiques du canal UWB publiés par le groupe du travail IEEE 802.15.TG4 [31]. Les auteurs proposent des modèles pour des environnements typiques (résidentiel, bureau, industriel). Les modèles reposent sur le travail de *Saleh et Valenzuela* qui est une référence pour la modélisation du canal *indoor* [32]. Ensuite, certains paramètres du modèle de référence sont modifiés pour être ajustés aux campagnes de mesures qui ont été menées par le groupe du travail. La réponse impulsionnelle du canal est assimilée à la succession de plusieurs groupes de trajets (ou *clusters*), chacun des groupes sont composés de trajets caractérisés par une atténuation complexe et un retard. La réponse impulsionnelle $h(t)$ peut être décrite par :

$$h(t) = \sum_{\ell=0}^{L-1} \sum_{k=0}^{K-1} a_{k,\ell} \cdot e^{j\phi_{k,\ell}} \cdot \delta(t - T_\ell - \tau_{k,\ell}); \qquad (1.8)$$

où $a_{k,\ell} e^{j\phi_{k,\ell}}$ et $\tau_{k,\ell}$ sont respectivement l'atténuation complexe et le retard du $k^{\text{ème}}$ trajet du $\ell^{\text{ème}}$ cluster. L dénote la distribution du nombre de clusters, K celle du nombre de trajets et T_ℓ est le retard du $\ell^{\text{ème}}$ cluster. Pour une description complète des propriétés statistiques de tous ces paramètres, le lecteur peut se référer au document [31].

La Figure 1.5 montre une réalisation de la réponse impulsionnelle pour un environnement résidentiel et de bureau et pour des cas de vue directe LOS (*Line Of Sight*) et vue non-directe NLOS (*Non-Line Of Sight*). La Figure illustre des différences entre les réalisations en termes d'étalement moyen, étalement maximal, nombre de trajets discernables, profil de la répartition de l'énergie sur les trajets, etc. Au lieu de manipuler les distributions statistiques des paramètres du modèle de *Saleh et Valenzuela*, il est plus pratique d'adopter une approche quantitative et d'utiliser des paramètres obtenus à partir de l'analyse des réalisations du canal. L'approche fait apparaître les paramètres suivants :

- N_{-10} représente le nombre moyen de trajets *principaux*, c'est-à-dire les trajets dont le niveau est à moins de 10 dB du trajet le plus fort ;
- $N_{85\%}$ représente le nombre moyen de trajets sur lesquels se répartissent 85% de l'énergie ;
- Γ représente la moyenne des retards des trajets, pondérés par l'énergie de ces derniers.

Le Tableau 1.1 rapporte les valeurs numériques de ces paramètres issues de l'analyse faite dans [4] des réalisations des canaux CM1, CM2, CM3 et CM4. Je peux noter que quel que soit le modèle considéré, les canaux UWB sont caractérisés par un très grand nombre de trajets. L'énergie est également répartie sur plusieurs trajets. Ceci implique que chaque trajet, à l'exception éventuellement du trajet direct lorsqu'il existe, est porteur d'une faible part de l'énergie totale. Je peux noter en particulier, un nombre de trajets plus faible et une décroissance plus rapide dans le cas LOS que dans le cas NLOS. Le retard moyen des trajets est plus important pour l'environnement résidentiel que l'environnement bureaux.

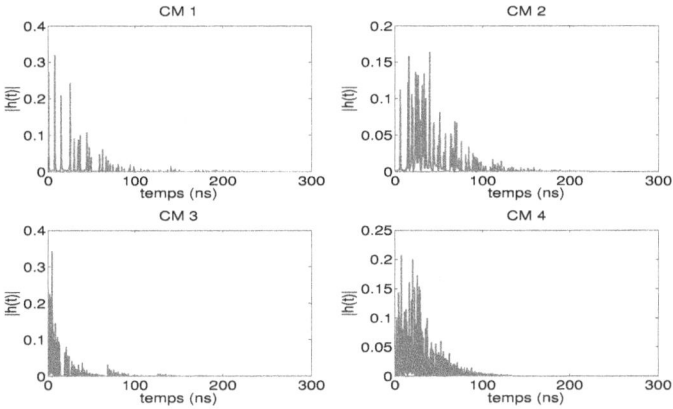

FIGURE 1.5 – Réalisation des canaux UWB issus des modèles CM1, CM2, CM3 et CM4 de [31].

Modèle de canal	Type de canal	N_{-10}	$N_{85\%}$	Γ (ns)
CM1	LOS Résidentiel	17	55	16,4
CM2	NLOS Résidentiel	37	115	18,5
CM3	LOS Bureaux	22	45	11,5
CM4	NLOS Bureaux	60	128	13,3

TABLE 1.1 – Caractéristiques des canaux UWB [4].

1.6 Systèmes de réception

Avant la détection et la démodulation du signal reçu, un système de réception nécessite d'abord l'acquisition de la synchronisation. Je distingue deux grandes familles des récepteurs UWB-IR : les récepteurs *cohérents* et les récepteurs *non-cohérents*.

La réception cohérente a été proposée dans les premiers travaux sur la radio impulsionnelle [16, 22]. Par la suite, pour des raisons de réduction du coût, la réception non-cohérente a connu un grand succès [4, 33]. La contre-partie de la réduction du coût de la réception non-cohérente est une perte des performances par rapport à la réception cohérente.

Après passage par le canal, le signal reçu $r(t)$ à l'entrée du récepteur peut être modélisé par :

$$r(t) = s * h(t) + n(t). \qquad (1.9)$$

L'opérateur $(*)$ désigne le produit de convolution. Le terme $n(t)$ est un bruit blanc, gaussien et centré. Il modélise le bruit thermique et sa densité spectrale de puissance bilatérale est $N_0/2$ dans la bande utile du signal. Je suppose que les paramètres de la couche physique TH-UWB sont choisis de telle sorte que les interférences inter-impulsions et inter-symboles causées par la propagation multi-trajets peuvent être négligées.

1.6.1 Synchronisation

La synchronisation est la première étape primordiale pour une réception correcte des données. Son but est d'obtenir une référence de temps commune entre l'émetteur et le récepteur. Cette synchronisation est acquise grâce à la transmission d'un préambule au début de chaque paquet. Elle doit être très précise dans les systèmes UWB-IR pour pouvoir détecter les impulsions courtes. La longueur du préambule nécessaire pour acquérir la synchronisation est indépendante de la taille du paquet. Ceci implique que le coût de la synchronisation devient prédominant lorsqu'il s'agit des paquets courts. Pour des exemples d'algorithmes de synchronisation utilisés dans les systèmes UWB-IR, le lecteur peut consulter les articles [34–36].

1.6.2 Réception cohérente

Principe

Le principe de la réception cohérente consiste à générer localement un motif de corrélation qui doit être en phase avec le signal reçu. Le récepteur optimal pour un canal multi-trajets est le récepteur *"Rake"* complet (*full-Rake*) [37]. Avec ce récepteur, la génération du motif à la réception doit être adaptée au signal reçu et donc doit prendre en compte les déformations introduites par le canal. Ainsi, le récepteur *Rake* complet doit estimer tous les trajets créés par le canal de propagation. Etant donné les canaux UWB rencontrés, ce nombre de trajets est énorme et le récepteur *Rake* complet sera très complexe.

Afin de relâcher cette complexité, d'autres variantes du récepteur *Rake* sous-optimales ont été proposées notamment le *Rake* sélectif (*selective-Rake*) et le *Rake* partiel (*partial-Rake*) [38, 39]. Au lieu d'estimer toute la réponse impulsionnelle du canal, ces variantes se contentent à estimer les cœfficients (a_k, ϕ_k) et les retards (τ_k) des P trajets du canal. Pour le *Rake* sélectif, il s'agit des P trajets les plus forts. Tandis qu'il s'agit des P premiers trajets pour le *Rake* partiel. La Figure 1.6 montre le principe du récepteur *Rake*. Le récepteur réalise la somme des P corrélations. La corrélation indexée par k (avec $k \in \{0, \cdots, P-1\}$) correspond à celle entre l'impulsion élémentaire $p(t)$ synchronisée avec le $k$ème trajet et le signal reçu. Une fois cette opération de corrélation est effectuée, les différents trajets sont combinés selon le principe de la maximisation du rapport signal à bruit MRC (*Maximum Ratio Combining*) ce qui produit la variable de décision z.

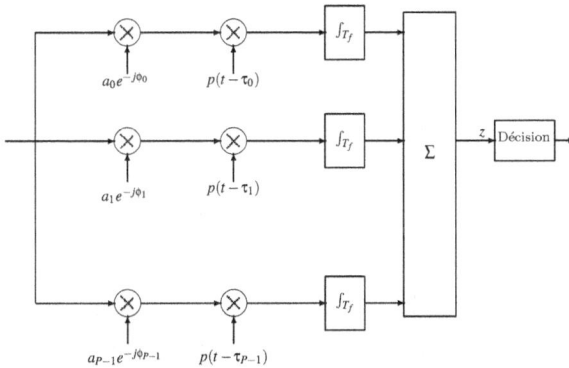

FIGURE 1.6 – Principe du récepteur Rake.

Pour la modulation BPSK, la prise de décision se fait sur le signe de z. La démodulation PPM consiste à comparer la variable de décision dans les deux positions possibles. Finalement, pour la modulation OOK, la décision est prise en comparant z à un certain seuil.

Modélisation

Pour toutes les variantes du récepteur, le signal à la prise de décision z peut s'écrire sous la forme :

$$z = \sum_{k \in \mathcal{P}} \int_0^{T_f} a_k \cdot e^{-j\phi_k} \cdot r(t) \cdot p(t - \tau_k) dt. \qquad (1.10)$$

$\mathcal{P}$ dénote l'ensemble des trajets sur lesquels le récepteur *Rake* effectuera une corrélation. Il s'agit de tous les trajets pour le *Rake* complet, des P plus forts trajets pour le *Rake* sélectif et des P premiers trajets pour le *Rake* partiel. Je note également $\mu(\mathcal{P}) = \sum_{k \in \mathcal{P}} |a_k|^2$ le pourcentage instantané de l'énergie collectée par le récepteur *Rake*. $\mu(\mathcal{P})$ est une variable aléatoire qui dépend du nombre de trajets et de la réalisation du canal. Des études ont été menées dans [40,41] pour évaluer d'une manière numérique cette variable. Les probabilités d'erreur chip P_{ec} instantanées pour les trois modulations BPSK, PPM et OOK peuvent être exprimées par :

$$P_{ec}(BPSK) = Q\left(\sqrt{\frac{2\mu(\mathcal{P})E_p}{N_0}}\right); \qquad (1.11)$$

$$P_{ec}(PPM, OOK) = Q\left(\sqrt{\frac{\mu(\mathcal{P})E_p}{N_0}}\right). \qquad (1.12)$$

Q est la fonction d'erreur complémentaire définie par :

$$Q(x) = \frac{1}{\sqrt{2\pi}} \int_x^{+\infty} e^{-\frac{u^2}{2}} du. \qquad (1.13)$$

Une forme analytique explicite de la probabilité d'erreur moyenne est difficile à établir pour les canaux UWB. Une manière pratique d'évaluer les performances du récepteur *Rake* en présence des canaux UWB est de procéder par simulation.

Toutes ces variantes du récepteur *Rake* exigent une synchronisation et une estimation du canal très précise [42]. La résolution temporelle nécessaire est de l'ordre de quelques dizaines de picosecondes. Cette contrainte temporelle forte complique la réception cohérente.

1.6.3 Réception non-cohérente

Principe

L'approche de la réception non-cohérente, ou d'une manière équivalente la réception à détection d'énergie, a été proposée pour la détection des signaux depuis plusieurs décennies [43]. Cette approche a été reprise dans les systèmes UWB en réponse à la complexité des récepteurs cohérents [33]. Le principe de base consiste à l'intégration de l'énergie du signal reçu sur une durée de même ordre de grandeur que la profondeur du canal. La Figure 1.7 décrit la structure de la réception non-cohérente. Elle est constituée d'un filtre passe-bande (a) dans la bande utile du signal W (supposé être idéal), un amplificateur (b) suivi d'un dispositif de mise au carré. La variable de décision z résulte de la sortie échantillonnée de l'intégrateur de durée d'intégration T.

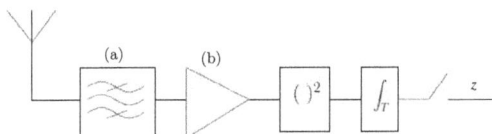

FIGURE 1.7 – Structure d'un récepteur non-cohérent.

La réception non-cohérente est incompatible avec les modulations dépendantes de la forme de l'impulsion comme la modulation BPSK. Les modulations qui m'intéressent ici sont la PPM et l'OOK. Pour la modulation PPM, la décision est prise en comparant la sortie de l'intégrateur dans les deux positions possibles. Le démodulateur OOK prend décision en comparant la sortie de l'intégrateur z à un seuil ρ.

Avec la réception non-cohérente, l'opération d'estimation du canal n'est plus nécessaire et la contrainte sur la synchronisation se trouve fortement relâchée. De plus, l'implémentation du dispositif à détection d'énergie est moins coûteuse que l'implémentation du corrélateur. Les récepteurs non-cohérents ont une consommation d'énergie inférieure de plus d'un ordre de grandeur à celle des récepteurs cohérents [6]. La contrepartie de la réduction de complexité est la dégradation des performances. Dans ce travail, je considère les deux structures de réception cohérente et non-cohérente.

Modélisation

Pour un canal AWGN, *Humblet et Azizoglu* [44] ont formalisé la réception non-cohérente d'un signal. La distribution statistique du signal à la sortie de l'intégrateur suit une loi χ^2. D'après la théorie de l'échantillonnage de Shannon, le nombre de degrés de liberté de la χ^2, noté $2M$, peut être assimilé à $2W \times T + 1$. Les probabilités d'erreur pour les modulations PPM et OOK peuvent être calculées en écrivant les densités de probabilités conditionnelles du signal à la sortie de l'intégrateur dans chaque cas. Les probabilités d'erreur chip P_{ec} pour les deux modulations et en présence d'un canal AWGN sont données par :

$$P_{ec}(PPM) = \frac{1}{2^M} \cdot e^{-\frac{E_p}{2N_0}} \cdot \sum_{j=0}^{M-1} c_j \cdot \left(\frac{E_p}{2N_0}\right)^j ; \qquad (1.14)$$

$$P_{ec}(OOK) = \frac{1}{2}\left[1 - Q_M\left(\sqrt{\frac{4E_p}{N_0}}, \sqrt{\frac{2\rho}{N_0}}\right) + e^{-\frac{\rho}{N_0}} \cdot \sum_{j=0}^{M-1} \frac{1}{j!} \cdot \left(\frac{\rho}{N_0}\right)^j\right]. \qquad (1.15)$$

Le terme c_j est décrit par :

$$c_j = \frac{1}{j!} \cdot \sum_{k=j}^{M-1} 2^{-k} \cdot \binom{M+k-1}{k-j}.$$

$Q_M(a,b)$ est la fonction de Marcum généralisée dont l'expression est :

$$Q_M(a,b) = \frac{1}{a^{M-1}} \cdot \int_b^{+\infty} x^M \cdot e^{-\frac{x^2+a^2}{2}} \cdot I_{M-1}(ax)dx.$$

$I_n(x)$ est la fonction de Bessel modifiée de première espèce et d'ordre n. Des méthodes numériques pour calculer la fonction de Marcum généralisée peuvent être trouvées dans [45].

La probabilité d'erreur de la modulation OOK dépend du seuil ρ. Un seuil optimal ρ_{opt} au sens du maximum de vraisemblance a été présenté dans [46]. Ce seuil optimal est obtenu lorsque la probabilité de fausse alarme est égale à la probabilité de fausse détection de l'impulsion. La valeur exacte du seuil optimal n'a pas de forme clause. Une approximation de cette valeur optimale pour des rapports signal à bruit compris entre 0 et 20 dB est donnée dans [47] :

$$\frac{\rho_{opt}}{N_0} \approx \frac{E_p}{2N_0} + M + \sqrt{M-1}\,\phi\!\left(\frac{E_p}{N_0}\right).$$

ϕ est une fonction tabulée qui dépend seulement du rapport signal à bruit à la prise de décision. L'approximation de ϕ par un polynôme de troisième degré peut être trouvée dans [47].

Pour le canal AWGN, toute l'énergie de l'impulsion E_p est récupérée à la sortie de l'intégrateur. Cependant, pour un canal à trajets multiples, seulement un pourcentage de cette énergie noté $\mu(T)E_p$ sera collecté à la sortie de l'intégrateur. Donc, il faut remplacer dans toutes les équations précédentes E_p par $\mu(T)E_p$. Le pourcentage de l'énergie collectée $\mu(T)$ est une variable aléatoire dépendant de la durée d'intégration et de la réalisation du canal. *Dubouloz et al.* [48] ont fourni un modèle semi-analytique de la fonction de répartition de $\mu(T)$ pour différentes configurations des canaux UWB. Le modèle semi-analytique sous-jacent consiste à voir $\mu(T)$ comme :

$$\mu(T) = 1 - e^{-\left(\frac{T+T_0}{\tau}\right)^{\alpha}}, \quad T > 0.$$

Les paramètres T_0, τ et α dépendent de la configuration du canal. Pour le canal CM1 : $T_0 = 10$, $\tau = 36,21$ et $\alpha = 1,27$.

Finalement, il est à signaler que les performances du récepteur non-cohérent OOK excèdent légèrement celles du récepteur non-cohérent PPM.

1.6.4 Probabilité d'erreur symbole

Pour les trois modulations, les probabilités d'erreur sont symétriques par rapport aux deux symboles 0 et 1. En outre, le canal n'introduit pas d'interférences inter-symboles. Ainsi, le canal peut être considéré comme un canal binaire symétrique sans mémoire de paramètre P_{ec}. De plus, le code de *mapping* est supposé être un code en bloc linéaire binaire de distance minimale $d_{min} = N_f$. Sous ces hypothèses et pour un décodage dur du code de *mapping*, une borne supérieure sur la probabilité d'erreur symbole P_{es} est établie [25] :

$$P_{es} \leq \sum_{j=t+1}^{N_f} \binom{N_f}{j} \cdot (P_{ec})^j \cdot (1 - P_{ec})^{(N_f - j)}. \tag{1.16}$$

P_{ec} dépend du type de réception (cohérente ou non-cohérente) et du choix de la modulation. $t = \lfloor (N_f - 1)/2 \rfloor$ est la capacité de correction d'erreur du code de *mapping*, où la notation $\lfloor . \rfloor$ désigne la partie entière inférieure.

1.7 Le standard IEEE 802.15.4a

Le groupe de travail IEEE 802.15.TG4 contribue à des solutions bas débit et à très faible complexité pour des applications de type réseaux personnels WPAN (*Wireless Personal Area Networks*). Ce travail a abouti à la publication du standard IEEE 802.15.4 [49]. Dans la continuité, le groupe de travail a proposé en 2007 un amendement à la couche physique de ce standard par le développement d'une couche physique alternative basée sur l'UWB-IR. Cet amendement a donné lieu à la publication du standard IEEE 802.15.4a [1].

Le nouveau standard a conservé les notions de base de la radio impulsionelle décrites dans les sections précédentes mais avec des modifications dans le format du symbole. En outre, le standard ne spécifie pas un récepteur particulier mais conçoit un schéma d'émission compatible avec les structures de réception cohérente et non-cohérente. Du point de vue allocation fréquentielle, la bande entre 3,1-10,6 GHz a été divisée en 16 canaux : 12 canaux de largeur 500 MHz et 4 canaux d'une largeur plus grande (entre 1 et 1,4 GHz). Parmi les 16 canaux, il existe 2 canaux de largeur 500 MHz qui sont obligatoires. Un est placé dans la bande basse (centré sur 4,5 GHz) et l'autre est placé dans la bande haute (centré sur 8 GHz). Ce choix est justifié par le souci d'une conformité aux masques d'émission réglementaires dans plusieurs continents.

Le paquet IEEE 802.15.4a est composé de deux parties : un préambule suivi par les données. Le préambule est utilisé pour l'estimation du canal, la synchronisation, la détection du paquet... Les symboles du préambule sont transmis au moyen d'un code ternaire $\in \{-1, 0, 1\}$ de longueur 31 ou 127 selon la valeur de la PRP.

Ce qui différencie le standard par rapport à la couche physique UWB-IR classique, c'est le regroupement des impulsions isolées d'un symbole TH-UWB en un seul burst de durée T_{burst} composé de N_{cpb} impulsions. C'est la même énergie transmise dans les deux cas mais le regroupement favorise le fenêtrage à la réception et la réduction de consommation. La partie donnée du paquet est modulée par un mélange de la PPM et la BPSK. Le symbole de durée T_{symb} est divisé en deux parties égales, chacune de durée T_{PPM} (*cf.* Figure 1.8). Le burst peut occuper la première ou bien la deuxième moitié du temps symbole, selon le bit d'information. Il s'agit de la modulation PPM à large échelle ou la BPM (*Burst Position Modulation*). La deuxième moitié de chaque demi-temps symbole est un intervalle de garde utilisé pour limiter les interférences inter-symboles. A ce premier niveau de modulation s'ajoute une modulation de phase ; le burst peut être modulé avec une phase 0 ou π. Ainsi, le symbole module deux bits qui proviennent d'un code convolutif systé-

24

matique de rendement 1/2. Le bit d'information est modulé en position alors que le bit de redondance est modulé en phase. Par conséquent, le récepteur à détection d'énergie qui ne verra pas le bit de phase arrive à démoduler les bits d'information. Le récepteur cohérent bénéficie en plus d'une capacité de correction d'erreur.

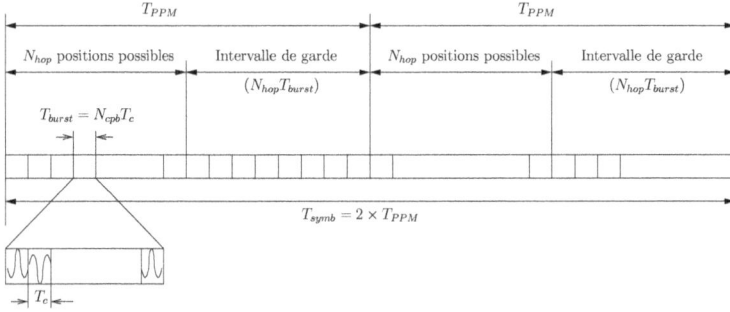

FIGURE 1.8 – Structure d'un symbole modulé du standard IEEE 802.15.4a [1].

La première moitié de chaque demi-temps symbole est divisée en $N_{hop} = T_{symb}/4T_{burst}$ slots. Une séquence de saut-temporel définit la position du burst parmi les N_{hop} positions possibles. L'ordre de la séquence de saut est trop petit pour pouvoir faire de l'accès multiple ; le standard utilise le code de saut pour isoler plusieurs réseaux qui coexistent dans la même zone géographique. En plus de la séquence de saut, une séquence $\in \{-1, 1\}$ et de longueur N_{cpb} vient multiplier les impulsions d'un même burst. Les deux séquences sont générées à partir du même registre à décalage avec rétroaction linéaire LFSR (*Linear Feedback Shift Register*).

Le standard offre des débits variables en jouant sur le paramètre N_{cpb} car la PRP moyenne reste fixe. Le Tableau 1.7 présente les débits offerts par le standard et les paramètres associés pour les canaux 500 MHz. Le débit fourni par les modes obligatoires est de 0,85 Mbps.

1.8 Conclusion

Ce premier chapitre a été consacré essentiellement à une introduction des principes de base de la radio impulsionnelle ultra large bande : UWB-IR. Les atouts de cette technologie sont la robustesse aux évanouissements multi-trajets, la capacité de localisation en environnement *indoor* et le faible coût. J'ai décrit les éléments de la chaîne de communication UWB-IR et j'ai présenté le modèle de performances que je vais utiliser par la suite. Les paramètres de la couche physique UWB-IR qui sont

PRP_{moy} (MHz)	N_{cpb}	N_{hop}	T_{burst} (ns)	T_{symb} (ns)	Débit (Mbps)
15,6	128	8	256,4	8205	0,11
	16	8	32	1025,6	0,85
	2	8	4	128,2	6,81
	1	8	2	64,1	27,24
3,9	32	32	64,1	8205	0,11
	4	32	8	1025,6	0,85
	2	32	4	512,8	1,7
	1	32	2	256,4	6,81

TABLE 1.2 – Débits offerts par le standard 802.15.4a et paramètres associés.

le cœur de mes travaux de recherche sont : l'impulsion élémentaire, la modulation, le code de saut-temporel et le code de *mapping*. Mes travaux concernant le code de saut-temporel sont décrits dans les chapitres 3 et 4, ceux liés au code de *mapping* sont décrits dans le chapitre 3 et enfin pour mes travaux sur l'impulsion élémentaire viennent dans le chapitre 5.

2 Sécurité des communications sans fil

Sommaire

2.1 Les objectifs de la sécurité

Les objectifs de sécurité pour les réseaux sans fil sont plus ou moins les mêmes que pour les réseaux filaires. Je discute les principaux besoins en sécurité à satisfaire dans les réseaux sans fil.

- **Confidentialité :** les données envoyées ne sont accessibles qu'aux destinataires concernés. La confidentialité des informations échangées est une condition importante.

- **Intégrité :** les données envoyées par la source doivent atteindre la destination sans aucune modification. Ce service garantit la capacité de détecter la manipulation des données par des parties non-autorisées.

- **Authentification :** garantit que la communication vient d'une entité légitime. Par exemple, un nœud doit savoir et vérifier la légitimité du nœud qui essaie d'établir une connexion avec lui. C'est une étape incontournable pour le contrôle de l'accès aux ressources réseau.

- **Contrôle d'accès :** c'est la capacité des nœuds du réseau ou bien d'une unité centrale comme la station de base à accorder l'accès approprié aux ressources en fonction d'informations sûres.

– **Non-répudiation :** empêche une entité de nier des actions antérieures. Cette propriété est importante dans les cas de litige sur la facturation et le commerce électronique.

– **Disponibilité :** c'est la propriété assurant que les entités légitimes sont capables à accéder au réseau dans un temps convenable lorsqu'elles en ont besoin.

– **Protection de la vie privée (*privacy*) :** le réseau ne doit pas révéler l'endroit des nœuds, ni l'identité des autres nœuds avec lesquels ils communiquent.

2.2 Vulnérabilités des communications sans fil

Les communications sans fil apportent des avantages considérables en termes de connectivité et de mobilité. Cependant, elles souffrent de vulnérabilités en termes de sécurité à cause de la nature ouverte du canal radio. En effet, les réseaux sans fil se caractérisent par une couverture non-contrôlée entre les points du réseau par rapport aux réseaux filaires. Dans ce qui suit, je résume les principales menaces contre les communications sans fil [50, 51].

– **Ecoute et analyse du trafic :** en plaçant une antenne dans une position appropriée, l'adversaire est capable d'intercepter les signaux radio et de décoder les données. Cette attaque est une atteinte à la *confidentialité* de l'information. L'écoute peut être exploitée pour l'analyse du trafic. L'adversaire rassemble des informations sur l'activité du réseau, l'identification de la source et la destination, le type du trafic, les protocoles de communication utilisés... Ces informations peuvent être utiles pour monter des attaques plus sophistiquées même si le trafic est chiffré.

– **Brouillage :** l'adversaire émet un signal RF dans le canal lors du déroulement de la communication légitime. Le brouillage est une menace contre la *disponibilité* du réseau : c'est un déni de service (DoS, *Denial of Service*).

– **Attaque de l'homme du milieu :** c'est une forme d'attaque où l'adversaire manipule le protocole de communication entre les deux entités sans fil. La manipulation peut être l'interception, le relais ou l'insertion. L'attaque de l'homme du milieu a été inventée par *Desmedt et al.* [52] dans le contexte des réseaux filaires. Cependant, sa faisabilité s'est révélée plus réaliste dans les réseaux sans fil [8, 10, 53, 54]. L'attaque de l'homme du milieu peut prendre plusieurs formes et constitue une menace contre la confidentialité, l'intégrité et l'authentification. Lorsque la victime initie une connexion, l'attaquant intercepte cette connexion et la complète avec l'entité destinée. L'attaquant est

28

maintenant en position d'injecter des données, modifier l'information ou intercepter la session.

– **Canal radio saturé** : le spectre radio étant une ressource partagée, il est possible qu'un adversaire exploite cette ressource d'une manière abusive.

2.3 Solutions contre l'attaque d'écoute

La technique utilisée pour lutter contre l'écoute est le *chiffrement*. Je définis le système de chiffrement et je l'illustre par des exemples. Une autre technique de protection qui a connu un intérêt par la communauté scientifique ces dernières années est *la sécurité par la couche physique*. J'introduis les principes généraux de cette nouvelle technique.

2.3.1 Chiffrement

La définition d'un système de chiffrement (*cf.* Figure 2.1) comprend la donnée de [55] :
– un espace des textes en clair, noté $\mathcal{M}$;
– un espace des textes chiffrés, noté $\mathcal{C}$;
– un espace des clés, noté $\mathcal{K}$;
– un ensemble de transformations de chiffrement $\{\mathbf{E}_K, K \in \mathcal{K}\}$;
– un ensemble de transformations de déchiffrement $\{\mathbf{D}_K, K \in \mathcal{K}\}$.

Les espaces des clairs, chiffrés et clés sont souvent définis sur l'alphabet binaire $\mathbb{F}_2$. Une formalisation simple des principes de chiffrement et de déchiffrement peut être donnée par les relations suivantes : $C = \mathbf{E}_K(M)$ et $M = \mathbf{D}_K(C)$ où $M \in \mathcal{M}$ représente le texte en clair et $C \in \mathcal{C}$ représente le texte chiffré.

FIGURE 2.1 – Système de chiffrement.

Modèle de l'attaque

L'adversaire intercepte et écoute le canal de communication d'une manière passive. Son objectif est de déduire le texte en clair à partir du texte chiffré, ou mieux déduire la clé. L'attaque peut être subdivisée en plusieurs attaques spécialisées selon les dispositions de l'adversaire [55] :

- *attaque à texte chiffré seul* : l'adversaire essaie de déduire la clé ou le texte en clair en observant seulement le texte chiffré ;
- *attaque à texte clair connu* : l'adversaire a une quantité des textes en clair et les textes chiffrés correspondants ;
- *attaque à texte clair choisi* : l'adversaire choisit un texte en clair et obtient le texte chiffré correspondant ;
- *attaque à texte chiffré choisi* : l'adversaire choisit le texte chiffré et obtient le texte en clair correspondant. L'objectif est de déduire le texte en clair d'un autre texte chiffré.

Modèles de sécurité

La sécurité des primitifs cryptographiques peut être évaluée sous trois modèles différents de sécurité. Je discute ici deux modèles fondamentaux de sécurité [55].

- *Sécurité inconditionnelle* : c'est la mesure stricte de la sécurité provenant de la théorie de l'information. Avec ce modèle, l'adversaire est supposé avoir des ressources calculatoires illimitées. La question est de savoir s'il y a suffisamment de l'information disponible ou non pour casser le système.
- *Sécurité calculatoire* : mesure la quantité calculatoire nécessaire par les meilleures méthodes connues pour casser le système. Cela suppose que le système a été bien étudié pour déterminer les attaques pertinentes. Avec ce modèle, l'adversaire a des ressources calculatoires limitées. Un système est dit sûr au sens de la sécurité calculatoire si la quantité calculatoire perçue par la meilleure attaque pour casser le système dépasse avec une marge confortable les ressources calculatoires de l'adversaire.

Caractérisation de la sécurité inconditionnelle : secret parfait

Le modèle de la sécurité inconditionnelle pour le système de chiffrement est appelé *secret parfait*. Un système de chiffrement assure un secret parfait si l'adversaire n'obtient aucune information sur le texte clair en observant le texte chiffré. Shannon [56] a caractérisé la notion du secret parfait dans le cas $|\mathcal{M}| = |\mathcal{C}| = |\mathcal{K}|$.

Théorème 1 *Si $(\mathcal{M}, \mathcal{C}, \mathcal{K}, \mathbf{E}_K, \mathbf{D}_K)$ est un système de chiffrement tel que $|\mathcal{M}| = |\mathcal{C}| = |\mathcal{K}|$, ce système assure un secret parfait si et seulement si chaque clé est utilisée avec* *la même probabilité et pour chaque $M \in \mathcal{M}$ et chaque $C \in \mathcal{C}$, il existe une clé K unique telle que $\mathbf{E}_K(M) = C$.*

Shannon a démontré dans [56] que le *chiffrement de Vernam*[1] [57] assure le secret parfait.

Chiffrement de Vernam

Définition 1 *Soit un entier $n \geq 1$ et $\mathcal{M} = \mathcal{C} = \mathcal{K} = \mathbb{F}_2^n$. Pour $K \in \mathcal{K}$, le chiffrement de Vernam $\mathbf{E}_K(M)$ est défini par le vecteur somme modulo 2 de K et M. Donc, si $M = (m_1, \ldots, m_n)$ et $K = (k_1, \ldots, k_n)$ on a :*

$$\mathbf{E}_K(M) = (m_1 + k_1, \ldots, m_n + k_n) \mod 2.$$

Le déchiffrement est identique au chiffrement. Si $C = (c_1, \ldots, c_n)$, on a :

$$\mathbf{D}_K(C) = (c_1 + k_1, \ldots, c_n + k_n) \mod 2.$$

Le chiffrement de Vernam est intéressant par la simplicité de son chiffrement et déchiffrement. Néanmoins, deux conditions sont requises pour garantir le secret parfait du chiffrement de Vernam. D'abord, la clé doit être au moins aussi longue que le message en clair. D'autre part, la sécurité n'est garantie que si la clé n'est utilisée qu'une seule fois. Ces deux conditions sont très difficiles à garantir en pratique. Ainsi, le secret parfait ne peut pas être assuré par des systèmes de chiffrement pratiques. Depuis, les cryptographes ont tenté de concevoir des systèmes de chiffrement fondés plutôt sur la sécurité calculatoire.

Chiffrement par flot

Le chiffrement par flot essaie de se rapprocher du modèle de chiffrement de Vernam tout en résolvant sa limite pratique concernant la longueur de la clé. L'idée est d'extraire une *suite chiffrante* aussi longue que le texte en clair à partir d'une clé secrète K de taille fixe. L'ordre de grandeur pratique de la longueur de la clé est de 80 et 128 bits. C'est la longueur minimale requise pour se protéger d'une attaque de type recherche exhaustive de la clé. La suite chiffrante est engendrée à partir d'un générateur pseudo-aléatoire cryptographique. Le destinataire du message, partageant la clé K, peut produire la même suite chiffrante et retrouver ainsi le message clair en la combinant au message chiffré. Ce générateur est un automate à états finis qui

---

1. connu aussi sous le nom *one-time pad*.

génère une suite en produisant à chaque instant un ou plusieurs bits calculés à partir de son état interne (noté x_n dans le schéma de la Figure 2.2). Il peut être modélisé par trois fonctions principales (*cf.* Figure 2.2) [58] :

- une procédure d'initialisation (notée INIT) qui détermine l'état initial du générateur à partir de la clé K et à partir d'un vecteur d'initialisation public noté *IV* ;
- une fonction de *transition* Φ qui fait évoluer l'état interne entre les instants t et $t+1$;
- une fonction de *filtrage* f qui, à partir de l'état interne à l'instant t, produit un ou plusieurs bits de la suite chiffrante.

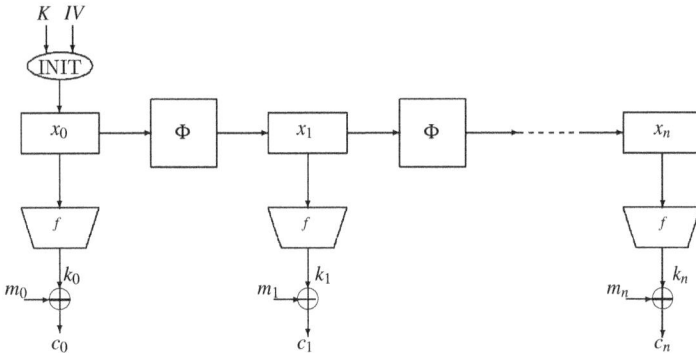

FIGURE 2.2 – Principe général d'un chiffrement par flot.

Les chiffrements par flot sont utilisés dans plusieurs applications industrielles. Les trois exemples bien connus sont l'algorithme A5/1 [59] utilisé dans GSM (*Global System for Mobile Communication*), l'algorithme E_0 [60] de Bluetooth et l'algorithme RC4 [61] utilisé par WiFi. Cependant, des attaques pratiques ont été découvertes contre ces trois algorithmes [62–64].

La compétition eSTREAM est un projet européen lancé entre 2004 et 2008 dont le but est de concevoir des systèmes de chiffrement par flot sûrs et efficaces [65]. Les finalistes de cette compétition peuvent être trouvés dans le document [66]. Je donne un aperçu de l'algorithme Grain [67] finaliste de la compétition eSTREAM (*cf.* Figure 2.3). La construction consiste en trois blocs principaux : un registre à décalage avec rétro-action linéaire (LFSR) dont le polynôme caractéristique est $f(x)$, un registre à décalage avec rétro-action non-linéaire (NLFSR) dont la fonction caractéristique est $g(x)$ et une fonction booléenne $h(x)$. Le LFSR garantit une période minimale de la suite chiffrante et un équilibre de la sortie. Le NLFSR et la fonction booléenne introduisent une non-linéarité de la suite chiffrante. L'état interne du LFSR et NLFSR est initialisé à partir d'une clé K et un vecteur d'initialisation IV. La longueur de la clé K du chiffrement Grain est de 80 bits.

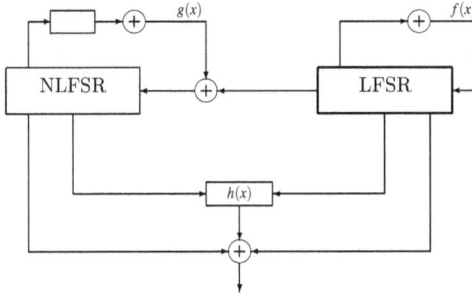

FIGURE 2.3 – Aperçu des différents blocs du chiffrement Grain [67].

La sécurité du chiffrement par flot repose sur les caractéristiques du générateur de la suite chiffrante. Les classes d'attaques sur le chiffrement par flot tirent partie soit de la structure algébrique du système, c'est la cas des attaques dites algébriques, soit de données statistiques, c'est le cas des attaques par distingueur et par corrélation.

– *Attaques par distingueur :* permettent de différencier la suite chiffrante d'une séquence véritablement aléatoire. La suite chiffrante doit être équilibrée afin d'éviter une attaque par distingueur. Il existe par ailleurs d'autres types de biais statistiques exploitables.

– *Attaques par corrélation :* entre dans la catégorie des attaques du type diviser pour régner. Elles ont été originellement introduites par *Siegenthaler* [68]. L'attaque repose sur l'existence d'éventuelles corrélations entre la suite chiffrante et la partie incriminée de l'état interne ce qui revient à considérer les corrélations entre la sortie de la fonction de filtrage f et un sous-ensemble des entrées. Elle est valable dès que l'état interne du générateur est décomposable en plusieurs parties. On peut alors chercher la valeur d'une partie indépendamment des autres.

– *Attaques algébriques :* il est toujours possible d'écrire directement l'expression des bits de la suite chiffrante sous la forme d'un système d'équations faisant intervenir l'état interne initial recherché x_0. On se ramène alors à un problème de résolution de systèmes d'équations. Ces attaques ont été améliorées par

Courtois et Meier [69] et ont permis de cryptanalyser certains systèmes dont la fonction de transition est linéaire.

Chiffrement par blocs

Le chiffrement par flot opère au niveau du bit. L'idée du chiffrement par blocs est d'opérer comme le nom l'indique au niveau d'un bloc de plusieurs bits. La même clé est utilisée pour chiffrer des blocs des textes en clair. Ainsi, les algorithmes de chiffrement par bloc se caractérisent par un découpage des données en blocs de taille généralement fixe (souvent une puissance de deux comprise entre 64 et 512 bits). Les blocs sont ensuite chiffrés les uns après les autres selon différents modes (on peut citer le mode ECB (*Electronic Code Book*), OFB (*Output FeedBack*) ou CBC (*Cipher Block Chaining*)) [55]. Une variante importante du mode OFB est le mode compteur qui est un moyen de transformer un chiffrement par blocs en un chiffrement par flot. Les deux exemples les plus connus du chiffrement par blocs sont le DES (*Data Encryption Standard*) [70] et AES (*Advanced Encryption Standard*) le nouveau standard de chiffrement pour les organisations du gouvernement des Etats-Unis publié depuis 2001 [71].

Distribution des clés

Le chiffrement symétrique exige le partage d'une clé secrète entre les deux entités souhaitant communiquer d'une manière confidentielle. Un problème majeur pour la mise en œuvre du chiffrement symétrique est la distribution des clés. Un protocole très connu de distribution des clés est le protocole de Diffie-Hellman [72]. C'est un protocole d'échange des clés de session du chiffrement symétrique fondé sur la *cryptographie asymétrique*. Cette dernière se distingue de la cryptographie symétrique par la notion d'une paire de clés. La première est appelée clé publique et elle peut être révélée à toute entité. La deuxième est appelée clé privée et doit être gardée en secret. La cryptographie asymétrique et symétrique ne sont pas nécessairement exclusives. Par exemple, la cryptographie asymétrique peut être utilisée pour distribuer d'une manière sûre la clé du chiffrement symétrique comme le cas du protocole de Diffie-Hellman.

La Figure 2.4 montre les différentes étapes du protocole de Diffie-Hellman nécessaires pour l'établissement d'une clé partagée entre les deux entités *A* et *B*. D'abord, *A* et *B* partagent deux paramètres publics : un grand nombre premier p et un entier g. Ensuite, *A* choisit une valeur secrète X et calcule $Z = g^X \mod p$. La valeur résultante est envoyée à *B* à travers un canal publique. De la même façon, *B* génère un nombre aléatoire secret Y et calcule $W = g^Y$ mod p et l'envoie à A. La clé secrète partagée K est alors calculée de la manière suivante :

$$K_A = W^X \mod p = Z^Y \mod p = K_B = K.$$

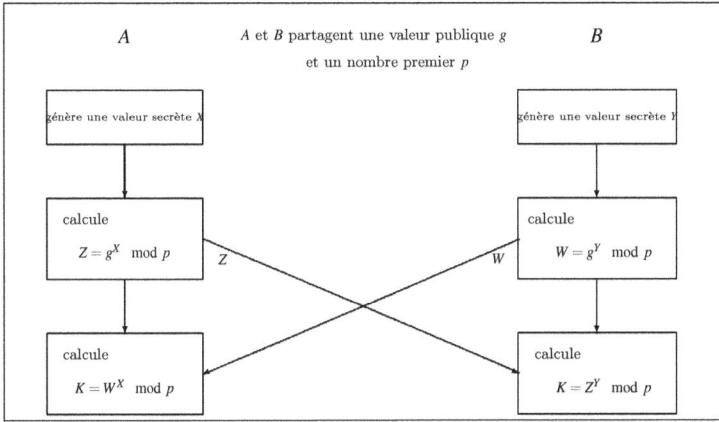

FIGURE 2.4 – Protocole de Diffie-Hellman [72].

2.3.2 Sécurité par la couche physique

Les techniques cryptographiques modernes reposent sur la sécurité calculatoire et ne permettent pas d'assurer le secret parfait. Avec la notion de la sécurité par la couche physique (*physical layer security*), le secret parfait peut être obtenu. Néanmoins, le modèle de l'attaquant considéré dans la sécurité par la couche physique est moins fort que celui du système de chiffrement. Je rappelle que l'adversaire est supposé avoir un accès direct au canal de communication avec le système de chiffrement. Par contre, avec la sécurité par la couche physique, le modèle de l'adversaire tient compte de la nature physique du canal radio. Ainsi, l'adversaire dans ce cas ne peut pas avoir un accès complet au canal de communication.

Canal *wiretap*

Le modèle du canal considéré dans la sécurité par la couche physique est connu sous le nom *canal wiretap*. Le fondement théorique du canal *wiretap* a été posé premièrement par Wyner [73] et ensuite par Csiszar et Korner [74]. La Figure 2.5 illustre le principe du canal *wiretap*. L'émetteur souhaite communiquer d'une manière confidentielle un message M au destinataire en présence d'un adversaire qui écoute la communication. L'émetteur encode le message M en un code secret X. Le destinataire légitime reçoit la sortie du canal principal Y tandis que l'adversaire reçoit Z la sortie du canal *wiretap*. L'objectif est d'encoder le message M le plus rapidement et le plus fiablement que possible tout en assurant la confidentialité.

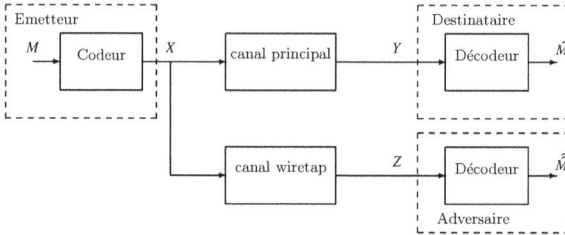

FIGURE 2.5 – Modèle du canal *wiretap*.

Pour atteindre cet objectif, on considère d'abord une version simplifiée du canal *wiretap* (*wiretap* I). Avec cette version, le canal principal est idéal (sans bruit) et le canal *wiretap* est modélisé par un canal binaire symétrique de paramètre p_0. Autrement dit, le destinataire légitime a une observation parfaite de X alors que l'adversaire observe une version bruitée de X. Dans ce cas, il existe une solution simple au problème de confidentialité [75] : encoder le bit 0 avec un mot binaire long choisi aléatoirement ayant un nombre pair de 1 ; encoder le bit 1 avec un mot binaire long choisi aléatoirement ayant un nombre impair de 1. Le mot binaire doit être choisi assez long pour qu'il y aura suffisamment d'erreurs introduites par le canal *wiretap*. Par exemple, le bit 0 peut être encodé ainsi :

$$X = Y = 101110100000011111010100;$$

une séquence de longueur 24 contenant un nombre pair de 1. La séquence observée par l'adversaire peut être :

$$Z = 100110100110011111010100.$$

Bien que l'adversaire connaisse la règle de codage, il est clair qu'il est incapable de décoder l'information car il ne peut pas déterminer si Y contient un nombre pair ou impair de 1. Cette solution résout le problème mais elle a un inconvénient évident :

elle est inefficace. En effet, le rendement de transmission est trop faible car le mot de code doit être choisi assez long. Cet inconvénient peut être résolu en utilisant un autre codage. Avant de décrire le principe de ce codage, j'introduis les deux définitions suivantes.

Définition 2 *Un code linéaire binaire de longueur n et de dimension k (noté (n,k)) peut être modélisé par un sous-espace vectoriel de $\mathbb{F}_2^n$ de dimension k.*

Définition 3 *Soit $C \subset \mathbb{F}_2^n$ un code (n,k). Soit $x \in \mathbb{F}_2^n$ un vecteur fixé. Le sous-ensemble :*

$$x + C = \{x + y | y \in C\}$$

*est appelé un **coset** de C. Autrement dit, le coset de C est un sous-ensemble de $\mathbb{F}_2^n$ obtenu par addition de tous les éléments de C à un élément fixé de $\mathbb{F}_2^n$.*

Soit F^n l'ensemble de tous les vecteurs binaires de longueur n. On peut diviser F^n en deux sous-ensembles : le sous-ensemble E_n contenant tous les vecteurs ayant un nombre pair de 1 et le sous-ensemble D_n contenant les vecteurs ayant un nombre impair de 1. Ainsi : $F^n = E_n \cup D_n$; D_n est un *coset* de E_n. Le schéma de codage devient : le bit 0 est encodé par un vecteur aléatoire de E_n et le bit 1 par un vecteur aléatoire de D_n. Je peux maintenant décrire la solution générale à mon problème. On Choisit un code correcteur d'erreurs linéaire C_1 contenant 2^{n-k} mots de code de longueur n. Maintenant, on divise F^n en 2^k cosets de C_1 :

$$F^n = C_1 \cup C_2 \cup C_3 \cdots \cup C_{2^k}.$$

On énumère les messages possibles à transmettre de 1 à 2^k. Alors, le principe de codage consiste à encoder le $i^{\text{ème}}$ message par un code choisi aléatoirement de C_i. Le récepteur légitime est capable de décoder le message transmis en décidant à quel *coset* de C_1 le vecteur reçu appartient. Par contre, l'adversaire se trouve incapable de décoder l'information en raison des erreurs introduites par le canal *wiretap*. Le rendement de transmission de ce schéma de codage est k/n.

Afin de traduire les conditions du secret parfait et la fiabilité du canal wiretap, Wyner [73] a développé la notion de *capacité de secret*. Elle est définie par le rendement de transmission maximal avec lequel l'adversaire n'est pas en mesure de décoder l'information. Wyner [73] a prouvé le résultat suivant.

Théorème 2 *Si p_0 est la probabilité d'erreur du canal wiretap, alors la capacité de* *secret C_s du canal wiretap I est :*

$$C_s = -p_0 \log_2 p_0 - (1 - p_0) \log_2(1 - p_0).$$

Une autre version du canal *wiretap* décrivant un autre modèle de l'adversaire est le canal *wiretap* gaussien illustré par la Figure 2.6. Ici, le canal principal et le canal de l'adversaire sont deux canaux AWGN ; les bruits N_m et N_w corrompant la transmission ont respectivement les variances σ_m^2 et σ_w^2. Je suppose que la puissance de transmission du mot de code est fixée à P. Leung-Yan-Cheong *et al.* [76] ont établi la capacité de secret du canal *wiretap* gaussien.

Théorème 3 *La capacité de secret du canal wiretap gaussien C_s est exprimée par :*

$$C_s = \begin{cases} \frac{1}{2}\log_2(1 + \frac{P}{\sigma_m^2}) - \frac{1}{2}\log_2(1 + \frac{P}{\sigma_w^2}) & \text{si } \frac{P}{\sigma_m^2} > \frac{P}{\sigma_w^2}; \\ 0 & \text{sinon.} \end{cases}$$

Le Théorème précédent démontre que lorsque le rapport signal-à-bruit du récepteur légitime est meilleur que celui de l'adversaire , alors il existe un codage assurant le secret parfait et la fiabilité. De plus, le rendement maximal de ce code est égal à la différence entre la capacité du canal principal et la capacité du canal de l'adversaire.

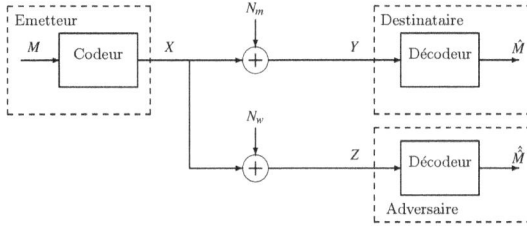

FIGURE 2.6 – Modèle du canal wiretap *gaussien*.

L'impact de tous ces travaux [73,74,76] était limité durant les années 1970 et 1980 car une capacité de secret strictement positive n'est atteinte que si le destinataire a un certain avantage par rapport à l'adversaire. Récemment, le modèle du canal *wiretap* a connu une renaissance avec l'expansion des réseaux sans fil. En effet, il a été démontré qu'une capacité de secret strictement positive peut être atteinte en présence du phénomène de l'évanouissement même si le rapport signal à bruit moyen de l'adversaire est meilleur que celui du récepteur légitime [77–79]. Depuis, un grand travail de recherche a été conduit par la communauté scientifique pour étudier la capacité de secret de plusieurs modèles des canaux sans fil comme le canal MIMO (*Multiple Input Multiple Output*) [80,81] et le canal broadcast [82,83].

Codage secret pour le canal *wiretap*

La notion de capacité de secret prouve l'existence des codes assurant la fiabilité et le secret parfait. Néanmoins, elle n'apporte pas les moyens pour la construction de ces codes pour le canal *wiretap*. Dans le paragraphe précédent, j'ai décrit une méthode de codage pour le canal *wiretap* I. Malheureusement, le choix d'un code linéaire permettant de se rapprocher de la capacité de secret reste jusqu'à présent une question sans réponse [84]. Des exemples de construction des codes pratiques pour le canal *wiretap* ont été proposés comme les codes LDPC (*Low Density Parity Check*) [85, 86] et les codes polaires [84, 87, 88]. Cependant, ces constructions atteignent ou se rapprochent de la capacité de secret seulement pour des versions simplifiées du canal *wiretap*. Malgré ces progrès, la conception des codes pour le canal *wiretap* général atteignant la capacité de secret reste une tâche difficile et un problème de recherche d'actualité [89].

Partage des clés à partir du canal

Un autre aspect de la sécurité par la couche physique est le partage d'une clé à partir du canal. L'idée est basée sur les travaux de *Bennett et al.* [90] et ensuite de *Maurer* [91]. Dans ces travaux [90, 91], les auteurs considèrent le problème de partage d'une clé à partir d'une source aléatoire commune en utilisant une discussion publique. Plus tard, ce concept a été appliqué pour le canal radio par *Hershey et al.* [92]. Dans ce cas, la source aléatoire commune correspond à une mesure d'une grandeur du canal radio. Le mécanisme suppose deux hypothèses que doivent valider le canal radio : *la réciprocité* et *la décorrélation spatiale*. En effet, les deux entités souhaitant partager la clé doivent expérimenter les mêmes fluctuations de l'onde électromagnétique alors que l'adversaire situé dans une autre position expérimente des fluctuations différentes.

Les grandeurs mesurées du canal radio varient de la différence de phase [92–95], l'enveloppe du signal [96], le RSSI (*Received Signal Strength Indication*) [97, 98] ou la réponse impulsionnelle [99, 100]. Néanmoins, la mesure de RSSI est la plus fréquente dans la littérature. D'ailleurs, des travaux ont adressé l'utilisation de plusieurs grandeurs du canal conjointement afin d'augmenter la longueur de la clé [101–103].

2.4 UWB-IR et sécurité

Les aspects de la sécurité ont été considérés depuis les premiers travaux sur la communication UWB-IR. En effet, les travaux [104,105] ont analysé la robustesse de cette communication à l'interception. La robustesse à l'interception est évaluée par la probabilité de détection de la communication par un radiomètre. Les auteurs ont affirmé que la technologie UWB-IR peut être qualifiée comme une communication à faible probabilité d'interception (LPI, *Low Probability of Intercept*) en la comparant à d'autres technologies sans fil. Il existe également plusieurs articles de recherche concernant l'analyse de la communication UWB-IR au brouillage [106–109].

La couche physique UWB-IR présente des propriétés et des caractéristiques qui peuvent être exploitées pour renforcer la sécurité. Ko *et al.* [110] proposent une modification de la couche physique TH-UWB classique permettant un renforcement de la résistance par rapport à l'écoute. Kianzhong *et al.* [111] proposent la conception d'une forme d'onde dont la puissance rayonnée se focalise sur certaines directions et s'annule pour d'autres directions. Ce mécanisme est utile pour éviter l'écoute de certains adversaires. En outre, la richesse du canal UWB en multi-trajets (voir section 1.5) a été exploitée pour le partage des clés à partir du canal. Plusieurs récentes publications [99, 112–115] vont dans ce sens et proposent des protocoles d'établissement des clés générées à partir du canal UWB.

Les protocoles de *distance bounding* [116] sont une solution proposée contre l'attaque par relais. Ces protocoles ne sont pas spécifiques à la technologie UWB-IR mais ils supposent un mécanisme de mesure de la distance précis. La technologie UWB-IR est une candidate idéale pour l'implémentation des protocoles de *distance bounding*. Ceci a été reconnu dans plusieurs travaux et différentes propositions [117–119].

Une des applications intéressantes de la technologie UWB-IR est la localisation. Dans ce sens, le standard IEEE 802.15.4a [1] prévoit un mode d'opération optionnel pour la localisation. Cependant, des travaux ont été publiés [120–123] sur des attaques dédiées contre la localisation au moyen de la radio UWB-IR. Le besoin de sécurisation de ce mécanisme devient très important pour que la technologie soit largement adoptée. Ce point a été mentionné comme une direction de recherche essentielle dans un article de synthèse sur la localisation au moyen de la technologie UWB-IR [124].

Les travaux sur les protocoles de *distance bounding* et le brouillage seront détaillés dans les Chapitres 3 et 4 consacrés à ces sujets. Ici, je fais le choix de détailler les deux travaux suivants [110] et [115] afin d'illustrer l'intérêt de la technologie UWB-IR pour la sécurité.

2.4.1 Renforcement de la sécurité par la couche physique UWB-IR [110]

En général, le chiffrement est réalisé dans les couches supérieures à l'aide des algorithmes de chiffrement puissants. Néanmoins, un certain niveau de sécurité peut être assuré par la couche physique. Il est avantageux pour des applications à faible coût où il n'est pas possible de faire tourner un algorithme de chiffrement puissant de mélanger une solution basée sur un protocole cryptographique léger avec une couche physique avantageuse. Les auteurs de [110] proposent un nouveau schéma de transmission pour renforcer la sécurité en utilisant les propriétés physiques des signaux UWB.

L'émetteur et le récepteur légitime partagent une clé secrète K de longueur b bits. Le système emploie la couche physique UWB-IR classique avec la technique de saut-temporel TH et la modulation BPSK. Sans perte de généralité, le premier symbole des données $b_0 \in \{-1, 1\}$ est considéré. Le principe du schéma de transmission consiste à employer la clé secrète K pour positionner les impulsions à l'intérieur du symbole. Contrairement aux méthodes traditionnelles de génération de la séquence TH, ici la séquence est générée directement à partir de la clé secrète. La Figure 2.7 illustre le principe du schéma de transmission. La clé K est divisée en m parties $K = (\kappa_1, \kappa_2, \ldots, \kappa_m)$ où κ_i consiste en b/m bits; $i \in \{1, 2, \ldots, m\}$. κ_i est utilisé pour choisir les *slots* occupés par les impulsions correspondant aux N_f/m trames. Formellement, le signal transmis $s_0(t)$ transportant le premier symbole d'information b_0 peut être exprimé par :

$$s_0(t) = \sum_{k=0}^{N_f-1} (-1)^{b_0} \sqrt{E_p}\, p(t - kT_f - c_{0,\lfloor k/m \rfloor} T_p);$$

(2.1)

où $\{c_{0,\lfloor k/m \rfloor}\}_{k=0}^{N_f-1}$ est la séquence de saut-temporel TH. Plus spécifiquement, l'élément $c_{0,\lfloor k/m \rfloor} \in \{0, 1, \ldots, 2^{b/m} - 1\}$ permettant de positionner l'impulsion dans la $k^{\text{ème}}$ trame est déterminé à partir de la partie de la clé $\kappa_{\lfloor k/m \rfloor + 1}$. Donc, la position de l'impulsion pour les trames $0, 1, \ldots, m-1$ est déterminée par κ_1; la position pour les trames $m, m+1, \ldots, 2m-1$ est déterminée par κ_2 et ainsi de suite.

Le signal $s_0(t)$ est transmis sur un canal multi-trajets et bruité modélisé par le modèle du canal IEEE 802.15.4a. La structure de réception considérée est la réception cohérente décrite dans le paragraphe 1.6.2. La sécurité de la couche physique proposée est examinée en dérivant les probabilités d'erreur du récepteur légitime et de l'adversaire. Dans cette analyse, une synchronisation parfaite a été supposée pour le récepteur légitime et pour l'adversaire. De plus, le récepteur légitime connaît

41

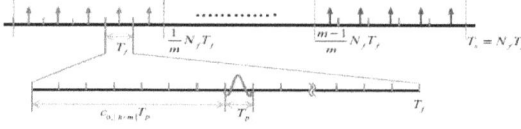

FIGURE 2.7 – Principe du schéma de transmission proposé en [110].

les positions des impulsions reçues puisqu'il partage la clé secrète avec l'émetteur. La probabilité d'erreur du récepteur $P_{e,rcv}$ conditionnée par les cœfficients du canal $\{h_\ell\}_{\ell=0}^{L-1}$ est donnée par :

$$P_{e,rcv} = E_{\underline{h_\ell}}\left[Q(\sqrt{\frac{2E_s \sum_{\ell=0}^{L-1} h_\ell^2}{N_0}}) \right]. \tag{2.2}$$

En revanche, l'adversaire ne connaît pas les positions des impulsions. Il procède en employant des motifs de corrélation avec différents délais correspondant à tous les *slots*. Le *slot* ayant la sortie de corrélation maximale est sélectionné. La probabilité que l'adversaire retrouve la position correcte des impulsions dans les premières N_f/m trames notée $P_{c,adv|h_\ell}$ conditionnée par $\{h_\ell\}_{\ell=0}^{L-1}$ est :

$$P_{c,adv|h_\ell} = \int_{-\infty}^{\infty} \prod_{i=0, i\neq c_{0,0}}^{2^{b/m}-1} \left(1 - Q(\frac{r-\mu_i}{\sigma}) \right) \cdot \frac{1}{\sqrt{2\pi}\sigma} \cdot e^{-\frac{(r-\mu_0)^2}{2\sigma^2}} \, dr;$$

où

$$\mu_0 = \frac{E_s}{m} \sum_{\ell=0}^{L-1} h_\ell^2,$$

$$\mu_i = \begin{cases} \frac{E_s}{m} \sum_{\ell=0}^{L-|i-c_{0,0}|-1} h_\ell h_{\ell+|i-c_{0,0}|}, & c_{0,0} - L < i < c_{0,0} + L, \\ \\ 0, & \text{sinon.} \end{cases}$$

$$\sigma^2 = \frac{N_0}{2} \sum_{\ell=0}^{L-1} h_\ell^2.$$

La probabilité d'erreur de l'adversaire $P_{e,adv}$ est alors :

$$P_{e,adv} = 1 - E_{\underline{h_\ell}}\left[(P_{c,adv|h_\ell})^m \right]. \tag{2.3}$$

Les performances du récepteur légitime et de l'adversaire ont été étudiées numériquement avec les modèles du canal IEEE 802.15.4a dans [110]. Les résultats montrent que la probabilité d'erreur de l'adversaire est bien pire que le récepteur légitime. Ces résultats restent valables dans le cas d'un adversaire situé proche de l'émetteur et le récepteur légitime situé loin de l'émetteur. Ceci prouve l'intérêt du schéma de transmission proposé dans [110] pour renforcer la sécurité.

2.4.2 Etablissement d'une clé secrète à l'aide du canal UWB

Le concept de la génération d'une clé secrète à partir du canal a été déjà discuté dans le paragraphe 2.3.2. Dans ce contexte, le canal UWB a un grand potentiel pour la génération des clés robustes. Des études expérimentales [125] ont montré que le canal UWB valide les hypothèses de la *réciprocité* et de la *décorrélation spatiale*.

Le processus de l'établissement d'une clé secrète repose sur trois grandes étapes :

1. *Mesure du canal :* une grandeur du canal est mesurée par les deux parties autorisées à partir d'un signal connu (*probe signal*). Ce procédé permet de créer deux variables aléatoires par les deux parties fortement corrélées. Les deux grandeurs mesurées peuvent être légèrement différentes à cause du bruit et des erreurs de mesure.

2. *Quantification :* les deux parties convertissent les mesures du canal en des séquences binaires au moyen d'un algorithme de quantification. Les séquences sont tout à fait similaires mais peuvent présenter quelques erreurs.

3. *Entente sur la clé (key agreement) :* les deux parties échangent des informations publiques pour détecter et corriger les bits différents. Finalement, les deux parties se mettent d'accord sur la clé partagée entre eux.

Les solutions existantes suivent toutes ce même principe général mais les algorithmes développés diffèrent selon les méthodes. Tmar *et al.* [115] proposent un nouveau protocole d'établissement d'une clé secrète à partir du canal UWB basé sur un algorithme de quantification adaptatif et les codes de Reed Solomon [126].

Description du protocole

Soit A l'utilisateur souhaitant créer une clé secrète à partager avec un autre utilisateur B. La mesure du canal par l'utilisateur A sera notée $\hat{h}_A$. La grandeur mesurée correspond à la réponse impulsionnelle du canal UWB entre les deux utilisateurs. L'expression $\hat{h}_A[i]$ dénote la mesure de l'échantillon n° i. Les étapes suivantes décrivent en détail le principe de l'algorithme proposé :

1. A estime la variance du bruit de l'environnement notée N. Cette opération peut être effectuée lorsqu'il n'y a pas d'activité observée dans le voisinage. Le but

43

est de réduire la probabilité de détection des faux trajets.

2. Le canal est mesuré $\hat{h}_A$ en utilisant un signal connu durant une période de temps. Ensuite, un échantillonnage est appliqué aux mesures.

3. A fixe deux seuils $L^+ = \max(\hat{h}_A)$ et $L^- = \min(\hat{h}_A)$ ce qui correspondent respectivement à l'amplitude positive et négative de la réponse impulsionnelle.

4. A parcourt le vecteur $\hat{h}_A$ pour détecter les échantillons franchissant les seuils. Si $\hat{h}_A[i] \geq L^+$, alors le vecteur binaire $BV_A[i] = 1$. Sinon, si $\hat{h}_A[i] \leq L^-$, alors $BV_A[i] = 0$. Les positions des bits extraits sont enregistrées dans un tableau de positions (*pos*).

5. A adapte les valeurs du seuil :

$$L^+ = L^+ - \frac{\max(\hat{h}_A)}{\delta};$$

$$L^- = L^- - \frac{\min(\hat{h}_A)}{\delta};$$

où δ est un paramètre du protocole.

6. Les étapes 4. et 5. sont répétées jusqu'à atteindre le niveau du bruit N ou la longueur du vecteur binaire est égale à la longueur de la clé (fixée à 128 bits ou bien 256 bits par exemple).

7. Les deux utilisateurs échangent le tableau des positions *pos* des différents échantillons sélectionnés pour générer la clé.

8. Les positions qui ne correspondent pas sont supprimées. Puis, un code de *Reed Solomon* est utilisé pour détecter et corriger les erreurs qui subsistent. Le deuxième utilisateur B décode et corrige les erreurs en se basant sur l'information de parité envoyée par A.

9. B examine si la clé candidate K_B est égale à K_A. Pour cela, B envoie l'empreinte de K_B (*hash*(K_B)) à A ; où la notation *hash* désigne une fonction de hachage cryptographique. Elle est utilisée pour construire une courte empreinte numérique des données ; si elles sont modifiées, l'empreinte numérique ne sera plus valide.

10. A calcule l'empreinte de sa clé candidate *hash*(K_A) et la compare à la valeur reçue *hash*(K_B).

11. Finalement, un accusé de réception (*acknowledgment*) est envoyé à B pour confirmer le résultat de l'entente ou non-entente.

2.5 Conclusion

J'ai distingué dans ce second chapitre deux approches pour sécuriser une communication : la cryptographie et la sécurité par la couche physique. Les algorithmes modernes de chiffrement comme le chiffrement par flot et le chiffrement par blocs reposent sur le modèle de sécurité calculatoire mais ils n'assurent pas le secret parfait. Par contre, la sécurité par la couche physique peut garantir le secret parfait sous certaines conditions favorables. Cependant, le modèle d'attaque considéré dans la sécurité par la couche physique est moins fort, bien qu'il soit plus réaliste. La sécurité par la couche physique peut apporter une solution au problème de distribution des clés dans la cryptographie symétrique grâce au mécanisme de partage de clé à partir du canal. En effet, ce mécanisme constitue une alternative au protocole de Diffie-Hellman qui nécessite des ressources calculatoires importantes pour les environnements restreints. Je souligne que les systèmes répandus dans l'industrie utilisent plutôt les solutions cryptographiques. Cependant, la sécurité par la couche physique reste un sujet d'actualité dans les travaux récents de recherche.

J'ai aussi donné un aperçu général sur les travaux de sécurité de la communication UWB-IR. Ces travaux couvrent plusieurs sujets comme la résistance à l'interception et au brouillage, le partage des clés à partir du canal, les protocoles de *distance bounding* et la sécurisation du mécanisme de localisation. Plusieurs de ces travaux cherchent à renforcer la sécurité par la couche physique UWB-IR en exploitant le code de saut-temporel [110], la forme d'onde [111] et les propriétés du canal UWB [99,112,113,115]. Mes contributions entrent dans cet objectif de renforcement de la sécurité par des mécanismes de la couche physique appliqués aux protocoles de *distance bounding* (Chapitre 3) et au brouillage (Chapitre 4).

CHAPITRE

3 Attaque par relais

Sommaire

3.1   Attaque par relais

L'attaque par relais est réalisée dans la couche physique et constitue une grande menace contre la sécurité des communications sans fil. En effet, cette attaque nécessite peu de ressources et n'exige pas de résoudre des problèmes dits "difficiles". Elle est particulièrement efficace contre les protocoles d'authentification sans fil et les protocoles de localisation sécurisée (*secure localization*). Après avoir présentée l'attaque par relais dans ces deux types d'applications, je décris une solution : **le protocole de *distance bounding*.**

3.1.1   Authentification

L'authentification est un mécanisme fondamental dans la sécurité des réseaux sans fil. Pour introduire ce mécanisme, je considère la définition énoncée dans le handbook de la cryptographie [55].

Définition 4 *Entity authentication is the process whereby one party is assured (through acquisition or corroborative evidence) of the identity of a second party involved in a protocol, and that the second has actually participated (i.e., is active at, or immediately prior to, the time the evidence is acquired).*

Par suite, le processus d'authentification exige deux conditions : l'affirmation sur l'identité de la seconde partie et l'affirmation que la seconde partie a vraiment participé dans le protocole. Les attaques contre le processus d'authentification peuvent être classifiées en trois catégories :

– usurpation d'identité : l'attaquant essaie de se faire passer pour un utilisateur légitime auprès d'un vérifieur légitime ;

– déni de service (DoS) : l'attaquant essaie de rendre le système inutilisable en empêchant les utilisateurs légitimes de s'authentifier ;

– atteinte à la vie privée : l'attaquant est capable de retrouver une information (trajet, identité ...) concernant un ou des utilisateurs du système en observant.

On considère un protocole d'authentification basique fondé sur défi/réponse tel que spécifié dans le standard ISO/IEC 9798-2 [127] (*cf.* Figure 3.1). Les deux parties impliquées dans le protocole : le vérifieur V et le prouveur P partagent une clé secrète K et l'identifiant du prouveur Id_P. V choisit un "nonce" N_V et l'envoie à P. Le prouveur choisit également un *nonce* N_P et l'envoie à V avec son identifiant Id_P et $E_K(N_V,N_P,Id_P)$; où E est un algorithme de chiffrement. V vérifie l'identité de P en utilisant l'algorithme de déchiffrement correspondant. Ce protocole ne répond pas à la Définition 4 car il ne permet pas d'assurer l'affirmation que la seconde partie a vraiment participé dans le protocole.

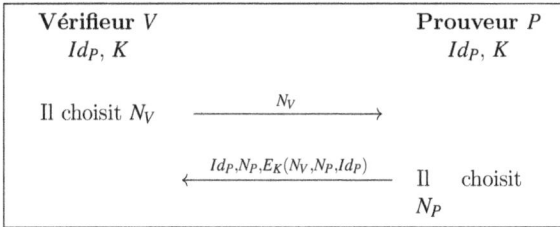

Vérifieur V		Prouveur P
Id_P, K		Id_P, K
Il choisit N_V	$\xrightarrow{\quad N_V \quad}$	
	$\xleftarrow{Id_P,N_P,E_K(N_V,N_P,Id_P)}$	Il choisit N_P

FIGURE 3.1 – Protocole d'authentification selon ISO/IEC 9798-2 [127].

Le principe de l'attaque par relais contre le protocole ISO/IEC 9798-2 est montré dans la Figure 3.2. L'adversaire réussit à usurper l'identité de P en relayant le défi et la réponse échangés. L'attaque par relais défie tous les protocoles d'authentification sans résoudre aucun problème cryptographique. L'adversaire doit seulement être en mesure de continuer à relayer la communication pour toute la durée du protocole.

Le concept de l'attaque par relais a été premièrement introduit par *Conway* [128] avec le problème du jeu d'échecs. Ensuite, l'attaque a été premièrement appliquée par *Desmedt et al.* [52] contre le protocole d'authentification à divulgation nulle de connaissance de *Fiat-Shamir* [129] .

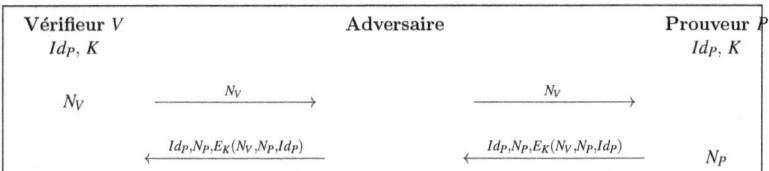

Vérifieur V		Adversaire		Prouveur P
Id_P, K				Id_P, K
N_V	$\xrightarrow{\quad N_V \quad}$		$\xrightarrow{\quad N_V \quad}$	
	$\xleftarrow{Id_P,N_P,E_K(N_V,N_P,Id_P)}$		$\xleftarrow{Id_P,N_P,E_K(N_V,N_P,Id_P)}$	N_P

FIGURE 3.2 – Attaque par relais contre le protocole d'authentification ISO/IEC 9798-2.

3.1.2 Localisation sécurisée

Un système de localisation est un procédé permettant de positionner un objet ou une personne sur un plan ou une carte à l'aide de ses coordonnées géographiques. De nos jours, de plus en plus de services sont basés sur la localisation comme la navigation, le suivi des personnes et des objets, le transport... Les technologies de localisation disponibles à grande échelle sont les systèmes satellitaires et les systèmes de localisation par réseaux terrestres.

Les attaques spécifiques contre un système de localisation peuvent être divisées en trois catégories selon le but de l'attaque [130, 131] :
- agrandissement de la distance mesurée ;
- réduction de la distance mesurée ;
- usurpation de la position.

L'attaque par relais peut être utilisée contre le système de localisation pour aboutir à l'un des buts mentionnés préalablement. On prend à titre d'exemple la technique de localisation basée sur le **RSSI**. La technique exploite la relation inversement proportionnelle qui relie la puissance du signal reçu et la distance parcourue pour fournir la localisation. Un adversaire situé entre les deux parties et appliquant la stratégie "amplifier et transmettre" (*amplify-and-forward*) peut réduire la distance mesurée par la technique RSSI.

3.1.3 Solution : *Distance Bounding*

Dans le cas de l'authentification, une première solution à l'attaque par relais a été apportée par *Brands et Chaum* [116] avec le *distance bounding*. Le concept consiste à combiner *l'authentification* du prouveur et la *vérification de la distance* pour répondre à la Définition 4. En effet, grâce au mécanisme de vérification de la distance, le vérifieur peut affirmer que la seconde partie a vraiment participé dans le protocole. La propriété fournie par la vérification de la distance est une borne supérieure sur la distance euclidienne entre les deux parties : on établit *un voisinage* autour du vérifieur dans lequel le prouveur peut s'authentifier avec succès. Le protocole de *distance bounding* est dit *sûr* si le vérifieur rejette le prouveur avec une probabilité écrasante si ce dernier n'est pas légitime et/ou il n'est pas dans le voisinage du vérifieur. Le protocole est dit *correct* si le vérifieur accepte le prouveur lorsqu'il est légitime et dans le voisinage.

Il existe plusieurs techniques pour estimer la distance entre deux dispositifs [132] : GPS (*Global Positioning System*), RSSI, AoA (*Angle of Arrival*), RTT (*Round Trip*

Time)... Ces techniques ont des avantages et des inconvénients en terme de précision et d'implémentation. Je vais détailler quelques unes de ces techniques. Le GPS est basé sur un ensemble de satellites qui fournissent une position trois dimensions. Il permet d'atteindre des précisions de l'ordre de quelques mètres en *outdoor*. Mais, le système GPS a certaines limites. En effet, il fonctionne en mode dégradé ou ne fonctionne plus dans les environnements urbains denses et en *indoor*. De plus, un récepteur GPS représente un coût matériel important pour des petits objets embarqués. Le GPS destiné à des applications civiles est vulnérable à certaines attaques [131]. La technique RSSI est disqualifiée du point de vue sécurité comme il est indiqué dans le paragraphe précédent. La technique AoA examine les directions des signaux reçus pour estimer la distance. Cette technique est encore inadéquate pour la sécurité car l'attaquant peut retransmettre le signal à partir d'une direction différente.

Le principe du RTT consiste en la mesure du temps d'aller-retour t_m entre la transmission d'un bit c par le vérifieur et la réception de la réponse r envoyée par le prouveur (*cf.* Figure 3.3). La distance entre les deux parties peut être déduite à partir de t_m par la relation :

$$d = c \cdot \frac{t_m - t_d}{2}; \qquad (3.1)$$

où c est la vitesse de la lumière et t_d est le délai de traitement du prouveur. La sûreté du processus de mesure de distance exige que le délai t_d soit minimal. L'implémentation de la technique du RTT nécessite au moins une horloge. Cette technique est très populaire pour les systèmes embarqués et c'est la solution retenue par les principaux protocoles de *distance bounding*.

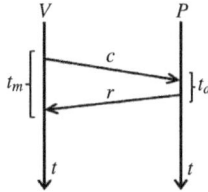

FIGURE 3.3 – Principe de mesure du RTT.

Les protocoles de *distance bounding* existants dans la littérature peuvent être divisés en deux familles principales : la famille de *Brands et Chaum* [116] et la famille de *Hancke et Kuhn* [117]. Dans la classe de Brands et Chaum, un message signé est nécessaire à la fin du protocole pour compléter l'authentification. Tandis avec la classe de Hancke et Kuhn, il n'y a pas de signature finale car l'authentification et la distance sont vérifiées ensemble. Un protocole de *distance bounding* est subdivisé au moins en deux phases : *phase lente* et *phase rapide*. La phase lente est caractérisée par un temps d'exécution variable. C'est cette phase qui comprend toutes les opérations lourdes en temps du calcul comme les primitives cryptographiques. Tandis que la phase rapide est bornée sur le temps d'exécution. Durant cette phase se déroule la mesure du RTT réalisée au niveau bit pour réduire au maximum le délai de traitement durant cette phase.

Je mentionne finalement que le *distance bounding* peut être utilisé comme élément constituant d'un mécanisme de localisation sécurisée [131, 133, 134].

3.1.4 Variantes de l'attaque par relais

Il existe trois variantes de l'attaque par relais. Deux de ces variantes concernent directement le processus de l'authentification ; la fraude mafieuse et la fraude terroriste permettent d'usurper l'identité d'un prouveur légitime. La fraude sur la distance concerne le processus de mesure de la distance.

Fraude mafieuse

C'est l'attaque par relais de base que j'ai décrit dans le paragraphe 3.1.1 à propos de l'authentification. L'origine de l'appellation de cette fraude provient de la déclaration de *A. Shamir* au *NY Times* concernant le protocole de Fiat-Shamir [129] : "*I can go to a Mafia-owned store a million successive times and they still will not be able to misrepresent themselves as me.*"

Fraude terroriste

La fraude terroriste a été introduite dans [52]. C'est une forme d'attaque entre le vérifieur, un adversaire et un prouveur malhonnête situé en dehors du voisinage. Dans cette situation, le prouveur malhonnête aide l'adversaire à usurper son identité. De plus, le prouveur ne souhaite pas donner d'information permettant à l'adversaire d'avoir un avantage lors d'une future attaque. Par exemple, le prouveur ne révèle pas sa clé secrète à l'adversaire. La différence qui distingue la fraude terroriste de la fraude mafieuse est la collaboration entre le prouveur malhonnête et l'adversaire.

Fraude sur la distance

La fraude sur la distance implique deux parties : le vérifieur et un prouveur malhonnête situé en dehors du voisinage. Elle permet à P de convaincre V d'une fausse vérification concernant sa distance physique. Cette fraude a été introduite par Brands et Chaum dans [116].

Dans ce manuscrit, on suppose que V et P sont honnêtes. On focalise ainsi essentiellement sur la fraude mafieuse.

3.2 Protocoles existants sur *distance bounding*

Cette section sera consacrée à la présentation de quelques protocoles populaires dans la littérature de *distance bounding*. Tous les protocoles qui seront présentés appartiennent à la classe de Hancke et Kuhn. Je focalise sur cette classe plus adaptée à des environnements contraints en consommation et capacité de calcul. Je décris d'abord le protocole de référence de Hancke et Kuhn [117]. Ensuite, je présente les protocoles de Munilla et Peinado [135] et MUSE-pHK [136]. Dans tous ces protocoles, l'authentification est réalisée à l'aide des primitives de la cryptographie symétrique.

3.2.1 Protocole de Hancke et Kuhn

Le protocole de Hancke et Kuhn (noté HK) [117] est un protocole de référence dans la littérature. Il est caractérisé par sa simplicité et sa rapidité ce qui le rend adapté aux applications à faible coût. Le déroulement du protocole est décrit dans la Figure 3.4.

Initialisation : V et P partagent une clé secrète K. Ils se mettent d'accord sur un paramètre de sécurité n et une fonction pseudo-aléatoire publique H. V fixe une borne temporelle maximale t_{max}.

Protocole : Le protocole consiste en deux phases : une phase lente suivie d'une phase rapide.

- Phase lente : V génère un *nonce* N_V et l'envoie à P. Réciproquement, P génère un *nonce* N_P et l'envoie à V. Les *nonces* ont le même ordre de longueur que la clé K. Ensuite, V et P calculent $H^{2n} = H(K, N_P, N_V)$. Le contenu de H^{2n} est divisé en deux registres : $R^0 = H_1 \cdots H_n$ et $R^1 = H_{n+1} \cdots H_{2n}$. Ces deux registres jouent le rôle des clés de session.

- Phase rapide : Elle est composée de n tours. A chaque tour, V génère un défi c_i et l'envoie à P. Ce dernier répond immédiatement avec $r_i = R_i^{c_i}$, le $i^{\text{ème}}$ bit du registre R^{c_i}. V calcule à chaque tour le RTT entre l'envoi de c_i et la réception de r_i : δt_i.

Vérification : A la fin de la phase rapide, V vérifie que toutes les réponses reçues sont correctes en les comparant aux contenus des deux registres. Il vérifie également la condition : $\forall i, 1 \leq i \leq n, \delta t_i \leq t_{max}$.

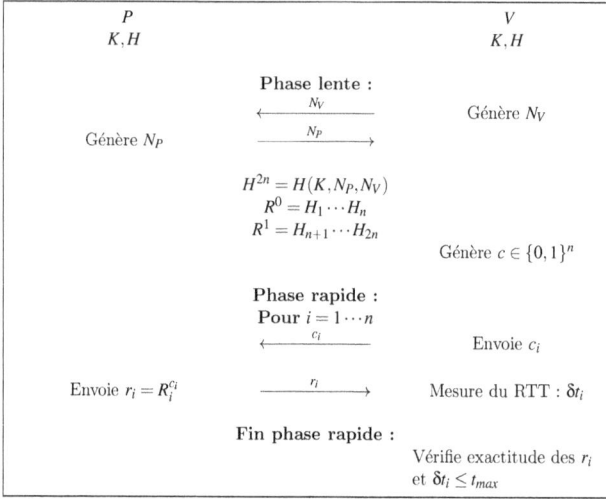

P	V
K,H	K,H

Phase lente :

$\xleftarrow{\quad N_V \quad}$ Génère N_V

Génère N_P $\xrightarrow{\quad N_P \quad}$

$$H^{2n} = H(K, N_P, N_V)$$
$$R^0 = H_1 \cdots H_n$$
$$R^1 = H_{n+1} \cdots H_{2n}$$

Génère $c \in \{0,1\}^n$

Phase rapide :
Pour $i = 1 \cdots n$

$\xleftarrow{\quad c_i \quad}$ Envoie c_i

Envoie $r_i = R_i^{c_i}$ $\xrightarrow{\quad r_i \quad}$ Mesure du RTT : δt_i

Fin phase rapide :

Vérifie exactitude des r_i
et $\delta t_i \leq t_{max}$

FIGURE 3.4 – Le protocole de Hancke et Kuhn [117].

Depuis la publication du protocole HK, plusieurs extensions ont été publiées [137–141]. Elles incluent des variantes du problème et des améliorations. Le protocole HK souffre d'une probabilité de succès élevée de la fraude mafieuse (voir section suivante). De ce fait, plusieurs protocoles ont été proposés pour améliorer la sécurité de HK et réduire la probabilité de succès de la fraude mafieuse [135,137,138]. Parmi ces protocoles, je mentionne ici le protocole de *Munilla et Peinado* [135] et le protocole *MUSE-pHK* [137]. Dans ce qui suit, je détaille le principe de ces deux protocoles.

3.2.2 Protocole de Munilla et Peinado

Afin de réduire la probabilité du succès de la fraude mafieuse contre le protocole HK, Munilla et Peinado [135] introduisent le concept des défis *vides*. Les défis peuvent être maintenant 0, 1 et *vide* où *vide* signifie que le défi n'est pas envoyé. V et P se conviennent à l'avance sur les défis vides. A la réception d'un 0 ou 1 alors qu'un défi vide est attendu, P détecte une attaque et arrête le protocole. La Figure 3.5 décrit le déroulement du protocole.

Initialisation : L'initialisation du protocole est la même que celle du protocole HK.

Protocole : Le protocole est composé d'une phase lente suivie d'une phase rapide.

– Phase lente : V et P échangent les *nonces* N_V et N_P. A partir de ces valeurs, ils calculent $H^{4n} = H(K, N_P, N_V)$ de taille $4n$ bits. Parmi ces bits, $2n$ bits seront utilisés pour générer un registre T de taille n comme suit : si $H_{2i-1}H_{2i} = 00$, 01 ou 10 alors $T_i = 1$, sinon $T_i = 0$. Chaque T_i décide si le défi actuel c_i est vide ($T_i = 0$) ou non ($T_i = 1$). Dans ce dernier cas, le défi sera 0 ou 1, je parle d'un défi *plein*. Les $2n$ bits restants seront utilisés pour générer les deux registres R^0 et R^1 exactement comme le protocole HK.

– Phase rapide : Si un défi plein est reçu et $T_i = 1$, P répond avec $r_i = R_i^{c_i}$. V calcule le RTT noté δt_i entre l'envoi de c_i et la réception de r_i. Si un défi vide est reçu et $T_i = 0$, P reste silencieux. Sinon, P détecte une attaque et arrête le protocole. A la fin de la phase rapide, si aucune détection d'attaque n'est reportée, P envoie $H(K, R^0, R^1)$ à V.

Vérification : Connaissant le contenu des deux registres R^0 et R^1, V vérifie $H(K, R^0, R^1)$ indiquant que P n'a pas détecté d'attaque. V vérifie également les réponses r_i reçues et les δt_i mesurées.

3.2.3 Protocole MUSE-pHK

La technique proposée dans [136] repose sur l'utilisation des p-symboles qui généralisent la notion des défis vides proposée par Munilla et Peinado [135]. Avec cette technique, les défis et les réponses de la phase rapide ne sont plus des simples bits mais des p-symboles. L'idée peut être appliquée à tout protocole de *distance bounding*. J'expose l'application de cette technique au protocole HK. Le nouveau protocole appelé MUSE-pHK, $p \geq 2$ est similaire au protocole HK à l'exception qu'il utilise :

– des p-symboles, un p-symbole étant un entier dans $\{0, 1 \cdots, p-1\}$;

– p registres contenants n p-symboles ;

– les défis et les réponses sont des p-symboles.

55

$$
\begin{array}{ll}
P & V \\
K, H & K, H
\end{array}
$$

Phase lente :

Génère N_P $\xrightarrow{\quad N_P \quad}$

$\xleftarrow{\quad N_V \quad}$ Génère N_V

$H^{4n} = H(K, N_P, N_V)$

$T_i = \begin{cases} 0 \text{ si } H_{2i-1}H_{2i} = 00 \\ 1 \text{ sinon} \end{cases}$

$R^0 = H_{2n+1} \cdots H_{3n}$
$R^1 = H_{3n+1} \cdots H_{4n}$

Génère $c \in \{0,1\}^n$

Phase rapide :
Pour $i = 1 \cdots n$
Si $T_i = 0$ alors défi vide
Sinon :

$\xleftarrow{\quad c_i \quad}$ Envoie c_i

Envoie $r_i = R_i^{c_i}$ $\xrightarrow{\quad r_i \quad}$ Mesure du RTT : δt_i

Fin phase rapide :

Si pas détection d'attaque $\xrightarrow{\quad H(K, R^0, R^1) \quad}$ Vérifie l'exactitude des r_i,
H
et $\delta t_i \leq t_{max}$

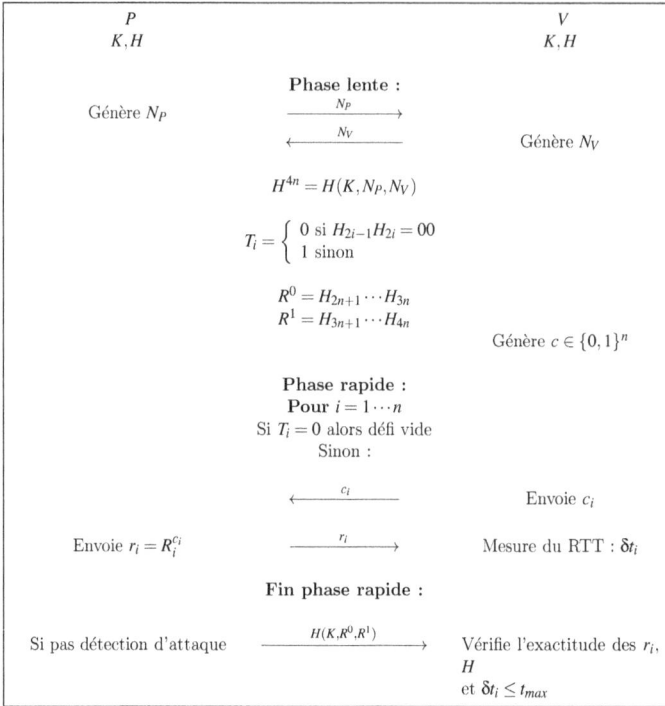

FIGURE 3.5 – Le protocole de Munilla et Peinado [135].

3.3 Analyse de sécurité des protocoles existants

3.3.1 Stratégies de l'adversaire (modèle de sécurité)

L'adversaire peut choisir entre plusieurs stratégies d'attaque pour mener la fraude mafieuse. Ces stratégies sont définies de la façon suivante.

Stratégie naïve

L'adversaire relaye la première phase lente du protocole entre V et P. Ensuite, il essaie de compléter le protocole tout seul avec V en répondant aux défis. La probabilité de succès da la stratégie naïve est notée P_{na}.

Stratégie par pré-interrogation

L'adversaire relaye la première phase lente entre V et P. Ensuite, en raison du temps d'exécution non borné de la phase lente, l'adversaire peut exécuter la phase rapide avec P avant le début de la phase rapide avec V. Après, il poursuit la phase rapide avec V en exploitant les réponses déjà obtenues de P. Avec cette stratégie, l'adversaire peut par exemple obtenir un registre parmi les deux utilisés dans le protocole HK. La probabilité de succès de la stratégie par pré-interrogation est notée P_{pa}.

Il existe une autre stratégie d'attaque appelée stratégie par post-interrogation mais elle ne concerne que la classe de Brands et Chaum [116]. La sécurité d'un protocole appartenant à la classe de HK vis-à-vis de la fraude mafieuse est obtenue par le maximum entre les probabilités de succès des stratégies naïve et par pré-interrogation : $P = \max(P_{na}, P_{pa})$.

3.3.2 Sécurité des protocoles existants

La sécurité des protocoles décrits dans la section précédente est analysée vis-à-vis de la fraude mafieuse. J'utilise les analyses données dans les articles d'origine.

Protocole HK

Stratégie naïve - L'adversaire répond tout seul aux défis envoyés par V. A chaque tour, il a une chance $1/2$ de donner une réponse correcte. La probabilité de succès P_{na} de l'adversaire est :

$$P_{na} = \left(\frac{1}{2}\right)^n. \tag{3.2}$$

Stratégie par pré-interrogation - Supposons que l'adversaire interroge P avec des défis tous égaux à 0. L'adversaire est capable d'obtenir le registre R^0. Quand l'adversaire exécute la phase rapide avec V, deux cas peuvent avoir lieu :
- Si $c_i = 0$, l'adversaire connaît la réponse correcte ;
- Si $c_i = 1$, il ne connaît pas la réponse correcte mais il peut répondre au hasard avec une chance de succès égale à $1/2$.

Donc, la probabilité de donner une bonne réponse au tour i est : $\frac{1}{2} \times 1 + \frac{1}{2} \times \frac{1}{2} = \frac{3}{4}$. Les tours étant indépendants, la probabilité de succès P_{pa} est :

$$P_{pa} = \left(\frac{3}{4}\right)^n. \tag{3.3}$$

En comparant les deux stratégies, la stratégie par pré-interrogation est meilleure pour l'adversaire. La sécurité du protocole HK vis-à-vis de la fraude mafieuse est donnée par l'équation (3.3).

Protocole de Munilla et Peinado

Soit p_f la probabilité que le défi soit plein pour le $i^{\text{ème}}$ tour du protocole ($T_i = 1$). La sécurité du protocole dépend clairement de p_f. Dans la description du protocole, p_f étant égale à 3/4. Pour l'analyse de sécurité, je considère toutes les valeurs possibles de p_f.

Stratégie naïve - La probabilité du succès de l'adversaire peut être calculée de la manière suivante :

$$P_{na} = \sum_{j=0}^{n} p(j) \cdot \left(\frac{1}{2}\right)^j ;$$

où $p(j)$ est la probabilité que exactement j défis pleins apparaissent. La valeur de $p(j)$ est :

$$p(j) = \binom{n}{j} \cdot p_f^j \cdot (1 - p_f)^{n-j}.$$

En combinant ces deux dernières équations, la probabilité du succès de l'adversaire résulte :

$$P_{na} = \left(1 - \frac{p_f}{2}\right)^n. \tag{3.4}$$

Stratégie par pré-interrogation - L'adversaire réussit son attaque si aucun défi vide n'apparaît et si toutes les réponses devinées sont correctes. La probabilité du succès de l'adversaire est alors :

$$P_{pa} = \left(p_f \cdot \frac{3}{4}\right)^n. \tag{3.5}$$

Comparaison des stratégies - Si $p_f > 4/5$, l'adversaire obtient des meilleurs résultats avec la stratégie par pré-interrogation. Dans le cas contraire, c'est la stratégie naïve qui est meilleure. La sécurité du protocole est alors donnée par :

$$P = \begin{cases} \left(1 - \frac{p_f}{2}\right)^n & \text{si } \ p_f \leq 4/5, \\ \\ \left(p_f \cdot \frac{3}{4}\right)^n & \text{si } \ p_f > 4/5. \end{cases} \tag{3.6}$$

La valeur optimale de p_f (probabilité du succès de l'adversaire minimale) est 4/5. Cependant, il n'est pas facile de générer T avec une telle valeur de p_f. Une valeur plus pratique et proche de la valeur optimale est $p_f = 3/4$ tel que le protocole a été décrit. Dans ce cas, la probabilité du succès de l'adversaire vaut :

$$P = \left(\frac{5}{8}\right)^n. \tag{3.7}$$

Protocole MUSE-pHK

Stratégie naïve - A chaque tour, l'adversaire choisit une réponse aléatoirement parmi les p symboles. Donc, la probabilité du succès de l'adversaire est :

$$P_{na} = \left(\frac{1}{p}\right)^n. \tag{3.8}$$

Stratégie par pré-interrogation - L'adversaire interroge P avec des faux défis afin d'obtenir un registre de taille n parmi les p registres. Sans perte de généralité, je suppose l'obtention du registre R^0. Si V envoie un défi 0, l'adversaire est capable d'apporter la bonne réponse. Sinon, il répond aléatoirement avec une probabilité du succès $1/p$. La probabilité de succès totale est :

$$P_{pa} = \left(\frac{2p-1}{p^2}\right)^n. \tag{3.9}$$

En comparant les deux stratégies, la stratégie par pré-interrogation est meilleure pour l'adversaire.

Le Tableau 3.1 résume les résultats d'analyse de sécurité des protocoles existants.

	naïve	pré-interrogation
HK	$(1/2)^n$	$(3/4)^n$
Munilla et Peinado	$(1 - p_f/2)^n$	$(p_f \cdot 3/4)^n$
MUSE-pHK	$(1/p)^n$	$(2p - 1/p^2)^n$

TABLE 3.1 – Analyse de sécurité des protocoles existants.

3.3.3 Motivations et objectifs

La radio UWB est une candidate prometteuse pour l'implémentation des protocoles de *distance bounding*. En effet, la largeur de bande des signaux UWB permet une grande résolution temporelle intéressante pour la mesure du RTT. Ainsi, *Hancke et Kuhn* [117] ont recommandé l'utilisation d'un canal UWB pour l'implémentation de la phase rapide de leur protocole. *Tippenhauer et Čapkun* [118] ont proposé un protocole de *distance bounding* sur une plateforme UWB disponible dans l'industrie pour la mesure de la distance. En outre, Kuhn *et al.* [119] ont suggéré l'utilisation d'une architecture UWB analogique à détection d'énergie [142] pour l'implémentation des protocoles de *distance bounding*. Cette architecture a l'avantage d'assurer un délai de réponse minimal ce qui est essentiel.

Je m'intéresse à la conception des nouveaux protocoles sur une radio UWB-IR appartenant à la classe de HK plus appropriée pour des applications à faible coût. Comme je l'ai mentionné, le protocole HK [117] souffre d'une probabilité du succès de l'adversaire élevée. Un travail de recherche a été mené pour améliorer la sécurité du protocole HK [135, 136, 138, 143]. L'approche adoptée par les auteurs de [136] apporte une amélioration considérable à la sécurité de HK avec le protocole MUSE-*p*HK. Cependant, les auteurs n'ont pas discuté la manière pratique d'implémenter leur protocole.

Je propose deux nouveaux protocoles sur une radio UWB-IR qui améliorent la sécurité de HK et atteignent la sécurité de MUSE-*p*HK efficacement. L'idée de base de mes protocoles consiste au renforcement de la sécurité à l'aide des paramètres de la couche physique UWB-IR. Dans un premier protocole **STHCP** (*Secret Time-Hopping Code Protocol*), le code du saut-temporel est secret. Tandis que pour le deuxième protocole **SMCP** (*Secret Mapping Code Protocol*), le code de *mapping* est secret. L'analyse de sécurité est organisée en deux étapes. D'abord, la sécurité est évaluée dans le cas sans bruit. Ensuite, le bruit est considéré tenant en compte le modèle des performances de la radio UWB-IR. Je compare mes protocoles avec HK [117] et MUSE-*p*HK [136] et la comparaison fait montrer plusieurs figures de mérite de ma proposition. Ce travail a fait l'objet d'une publication à la conférence internationale GLOBECOM 2010 [11].

3.4 Nouveaux protocoles de *distance bounding*

Avant l'introduction des nouveaux protocoles, je décris d'abord le modèle de la radio UWB-IR sur laquelle seront construits ces protocoles. Je présente également les hypothèses de travail.

3.4.1 Modèle de la couche physique UWB-IR

Les éléments de la couche physique UWB-IR sont introduits dans le Chapitre 1. Le symbole UWB-IR est tel que décrit dans la section 1.4. Les modulations utilisées sont l'OOK et la PPM large échelle. Je considère deux modulations différentes car la sécurité des protocoles dépend du choix de la modulation comme je vais le démontrer. Le canal est modélisé par le modèle CM1 introduit dans la section 1.5. L'expression du signal reçu est donnée par l'équation (1.9). La structure de réception considérée est la réception non-cohérente mieux appropriée avec mon contexte visant des applications à faible coût. Je suppose que la réception non-cohérente emploie une durée d'intégration courte pour ne pas perdre la grande résolution temporelle du signal UWB. Les performances de la radio UWB-IR sont évaluées par la probabilité d'erreur symbole donnée par la relation (1.16). Les probabilités d'erreur chip pour les deux modulations PPM et OOK sont indiquées respectivement par les équations (1.14) et (1.15). Ce modèle des performances sera pris en compte lors de l'analyse de sécurité des nouveaux protocoles en présence du bruit (section 3.6).

3.4.2 Hypothèses

Le noyau de mes protocoles suit le principe de HK. V et P sont dans mon cas deux dispositifs UWB ayant des capacités identiques. Le contexte d'application peut être par exemple la vérification du voisinage d'un nœud dans un réseau de capteurs [144]. La synchronisation entre V et P est établie durant la phase lente du protocole. Je suppose qu'elle reste maintenue durant toute la phase rapide. Je reviendrai avec plus des détails à cette hypothèse dans la section 3.8.

Je définis le poids de Hamming et la distance de Hamming ; des notions que j'utiliserai dans l'introduction des nouveaux protocoles.

Définition 5 *Le poids de Hamming est défini par le nombre des 1 dans un mot de code binaire.*

Définition 6 *La distance de Hamming entre deux mots de code binaires de même longueur est définie par le poids de Hamming du résultat de l'opération logique XOR entre les deux mots binaires.*

3.4.3 Protocole STHCP

L'idée de base du protocole STHCP repose sur l'utilisation des codes de saut-temporel TH secrets et partagés entre V et P. Ces codes TH vont définir les instants d'envoi des défis et des réponses. Ils seront générés à partir d'un état secret. Ainsi, V et P seront capables de détecter des attaques s'ils reçoivent des impulsions hors des *slots* attendus. Le code de *mapping* utilisé dans le protocole STHCP est fixe et publique. Je suppose de plus que ce code a la propriété d'équilibre ; même nombre des 0 et des 1 dans le code. Un exemple d'un tel code pour $N_f = 4$ est donné par l'équation (1.4). Le protocole est décrit dans la Figure 3.6.

Pré-requis du protocole

V et P partagent une clé secrète K. Ils peuvent calculer une fonction pseudo-aléatoire f et ils ont accès à un générateur des nombres aléatoires. La fonction pseudo-aléatoire f peut être implémentée avec une fonction de hachage cryptographique comme le prochain standard SHA-3. De plus, V et P se mettent d'accord sur des paramètres n et $N' \in \{1, \cdots, N_c - 1\}$. Finalement, V fixe une borne temporelle maximale t_{max}.

Phase lente

P génère un *nonce* N_P et l'envoie à V. Réciproquement, V génère un *nonce* N_V et l'envoie à P. A partir des valeurs N_V, N_P et la clé K, V et P calculent l'état partagé $H = f(K, N_P, N_V)$. Pour une facilité d'implémentation, N_c est supposé être une puissance de deux. Le contenu de H est divisé en quatre parties :

– le code TH de V noté S^V de longueur $(n \cdot N_f \cdot \log_2 N_c)$ bits. Ce code définit les $(n \cdot N_f)$ time *slots* utilisés par V pour transmettre ses impulsions durant la phase rapide. Pour $1 \leq i \leq n$, le mot binaire S_i^V détermine la séquence d'entiers sur $\mathbb{Z}/N_c\mathbb{Z}$ correspondants aux time *slots* utilisés pour transmettre le $i^{\text{ème}}$ symbole ;

– le code TH de P noté S^P qui définit les time *slots* utilisés pour transmettre les symboles de P ;

– un premier registre R^0 contenant n bits ;

– un second registre R^1 contenant n bits aussi.

De plus, V et P génèrent respectivement deux vecteurs aléatoires c et z de longueur n bits chacun. c sera utilisé par V pour l'envoi des défis. Alors que z sera utilisé par P lors de la détection d'une attaque. P génère également un vecteur aléatoire q de longueur $(n \cdot N_f \cdot \log_2 N_c)$. Ce vecteur est décomposé en des séquences q_i qui ont les mêmes rôles que S_i^P. Elles seront utilisées par P en cas de détection d'attaque.

Le protocole nécessite également $(n \cdot N_f)$ mots binaires aléatoires de longueur $(N_c - 1)$ et de poids de Hamming N'. Ils servent à déterminer les *slots* additionnels à écouter pour détecter les attaques. Lorsque V et P choisissent d'écouter tous les *slots*, on a $N' = N_c - 1$.

Phase rapide

La phase rapide consiste en n tours. A chaque tour, un symbole TH-UWB est envoyé. Durant chaque trame du symbole, V et P activent leur radio pendant N' *slots* déterminés à partir des mots binaires de longueur $(N_c - 1)$ et de poids de Hamming N'. Ils sont capables de détecter une attaque s'ils reçoivent des impulsions durant ces *slots*. La phase rapide commence par l'envoi d'un défi c_i à P. Le défi est envoyé avec le code de saut S_i^V. Deux cas se présentent :

- Si P reçoit les N_f impulsions d'un symbole dans les *slots* attendus, alors il répond avec $r_i = R_i^{c_i}$, le $i^{\text{ème}}$ bit du registre R^{c_i}. La réponse est envoyée avec la séquence du saut S_i^P.

- Si P reçoit au moins une impulsion dans un *slot* incorrect, alors il signale une attaque et réagit en répondant à partir du vecteur z. La réponse est envoyée dans ce cas avec la séquence du saut q_i.

V arrête le protocole s'il reçoit au moins une impulsion dans un *slot* incorrect. S'il n'y a pas détection d'attaque, V calcule à chaque tour le RTT noté δt_i entre l'envoi de c_i et la réception de r_i.

Vérification

Le protocole réussit si toutes les réponses reçues r_i sont correctes et $\forall i, \delta t_i \leq t_{max}$.

3.4.4 Protocole SMCP

Dans le protocole STHCP, le code TH est maintenu secret tandis que le code de *mapping* est publique. Il est tout à fait logique d'étudier le cas où le code TH est publique et le code de *mapping* reste inconnu à l'adversaire. Le code de *mapping* sert dans les systèmes UWB à apporter de la redondance et à corriger les erreurs de transmission. Dans le protocole SMCP, le code de *mapping* sera exploité en plus de sa fonctionnalité principale pour renforcer la sécurité. En effet, V et P seront capables de détecter une attaque si le mot du code reçu est à une distance de Hamming (Définition 6) supérieure à un certain seuil du mot de code attendu. Le code TH utilisé dans le protocole SMCP est un code publique.

On considère la stratégie de codage/décodage suivante. Le codeur va envoyer un bit 0 ou 1. Il génère aléatoirement N_f bits pour obtenir le code de *mapping* C. Si le bit avec le poids le plus fort de C est 1, C est associé au symbole binaire 1 ou 0 sinon. Le codeur envoie C ou bien $\overline{C}$; où la notation $\overline{C}$ désigne le résultat de l'opération logique *NOT*. Si le mot de code reçu est à une distance de Hamming

P V

$K \in \{0,1\}^m, f$ $K \in \{0,1\}^m, f$

Phase lente :

Génère N_P $\xrightarrow{\quad N_P \quad}$

   $\xleftarrow{\quad N_V \quad}$

            Génère N_V

$f(K, N_P, N_V)$ $f(K, N_P, N_V)$

Génère $z \in \{0,1\}^n$ Génère $c \in \{0,1\}^n$

Génère $q \in \{0,1\}^{n \cdot N_f \cdot \log_2 N_c}$

Phase rapide :

Pour $i = 1 \cdots n$

   $\xleftarrow{\quad c_i \quad}$ Envoie c_i avec S_i^V

Si slots corrects **alors**

   $r_i = R_i^{c_i}$

   $t = S_i^P$

sinon

   $r_i = z_i$

   $t = q_i$

Envoie r_i avec t $\xrightarrow{\quad r_i \quad}$ **Si** slots corrects **alors**

            Mesure du RTT : δt_i

            sinon

              Arrête le protocole

Fin phase rapide :

            Vérifie exactitude des r_i

            et $\delta t_i \leq t_{max}$

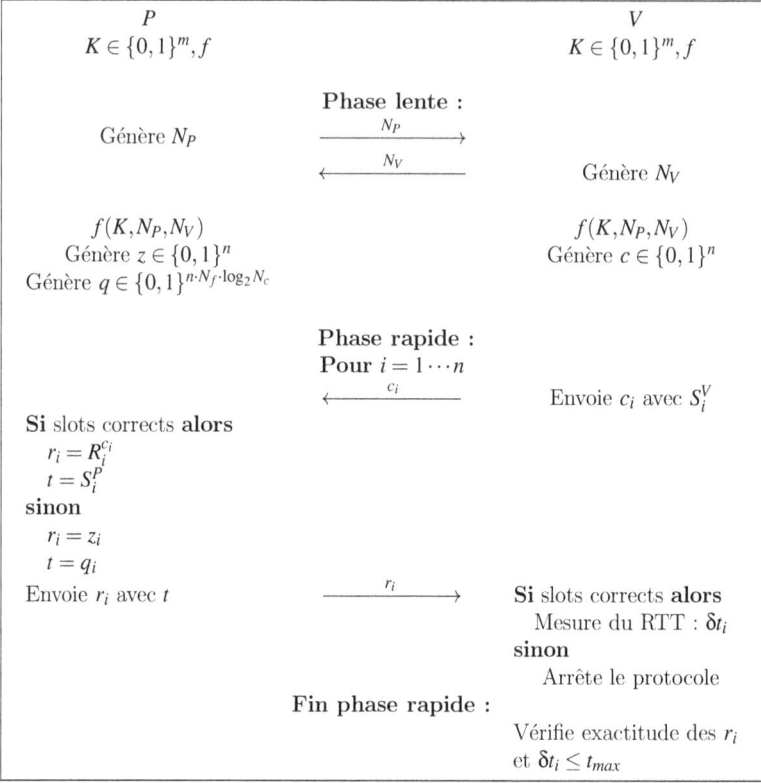

FIGURE 3.6 – Protocole STHCP.

$\Delta \leq \left\lfloor \frac{N_f - 1}{2} \right\rfloor$ de C ou $\overline{C}$, le décodage est réussi. Sinon, le décodage échoue et dans ce cas il y aura détection d'attaque. Le choix du paramètre Δ offre un compromis entre correction d'erreur et sécurité. En effet, la valeur $\Delta = \left\lfloor \frac{N_f - 1}{2} \right\rfloor$ permet de bénéficier d'une capacité de correction d'erreur maximale. Par contre, la valeur $\Delta = 0$ réduit totalement la capacité de correction d'erreur en faveur de la sécurité. Avec cette stratégie de codage, le codeur a besoin de générer $(N_f \cdot n)$ bits aléatoires.

En effet, la stratégie qui vient d'être décrite consiste à l'utilisation des *cosets* (Définition 3) d'un code à répétition de longueur N_f et de dimension 1. Le codeur et décodeur sont en train de coder/décoder avec les *cosets* d'un code à répétition. Un élément de chaque *coset* est associé à 0 et son complémentaire à 1. A titre d'exemple, les *cosets* utilisés par le codeur et décodeur pour $N_f = 4$ sont : $K_1 = \{0000, 1111\}$, $K_2 = \{0001, 1110\}$, $K_3 = \{0010, 1101\}$, $K_4 = \{0011, 1100\}$, $K_5 = \{0100, 1011\}$, $K_6 =$

$\{0101, 1010\}$, $K_7 = \{0110, 1001\}$, $K_8 = \{0111, 1000\}$. Pour faire transiter n bits, le codeur doit générer $(N_f - 1) \cdot n$ bits aléatoires tout en stockant en mémoire $N_f 2^{N_f - 1}$ bits pour les *cosets*. Si $N_f 2^{N_f - 1}$ est négligeable devant n, alors on gagne n bits par rapport à la méthode précédente. Le protocole SMCP est décrit dans la Figure 3.7.

Pré-requis du protocole

Le protocole a les mêmes pré-requis que le protocole STHCP sans le paramètre N' et avec l'addition du stockage des *cosets*.

Phase lente

P et V échangent les *nonces* N_P et N_V. Ensuite, ils calculent l'état secret $H = f(K, N_P, N_V)$. Le contenu de cet état est divisé en quatre parties :

- le registre K^V de longueur $n \cdot (N_f - 1)$ bits. Il définit les *cosets* successifs K_i^V qui seront utilisés par V durant la phase rapide ;
- le registre K^P de longueur $n \cdot (N_f - 1)$ bits qui définit les *cosets* K_i^P qui seront utilisés par P ;
- le registre R^0 contenant n bits ;
- le registre R^1 qui contient n bits aussi.

De plus, V génère un vecteur aléatoire c de longueur n pour les défis qui vont être envoyés pendant la phase rapide. P génère également un vecteur aléatoire q de longueur $n \cdot (N_f - 1)$ bits. Ce vecteur a le même rôle que K^V et K^P et sera utilisé en cas de détection d'attaque.

Phase rapide

Durant chaque tour $1 \leq i \leq n$, V envoie le défi c_i à P. Le défi est transformé en un mot de code déterminé à partir du *coset* K_i^V. P décode le mot de code reçu. Deux cas se présentent :

- Si la distance de Hamming entre le mot de code reçu et le code de *mapping* prévu par le *coset* K_i^V est inférieure à Δ, alors P répond avec $r_i = R_i^{c_i}$. La réponse est transformée en un mot de code déterminé à partir du *coset* K_i^P.
- Si la distance de Hamming est strictement supérieure à Δ, alors P détecte une attaque et réagit en répondant aléatoirement à partir du vecteur q.

A chaque tour, V calcule le RTT : δt_i.

Vérification

Le protocole réussit si le vérifieur V décode toutes les réponses reçues correctement et $\forall i, \delta t_i \leq t_{max}$.

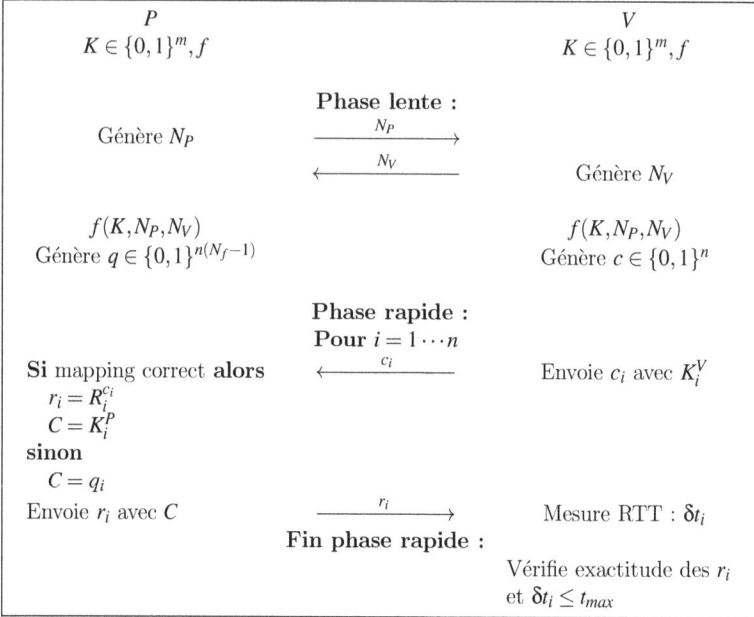

$$P \quad\quad\quad\quad\quad\quad\quad\quad\quad\quad\quad\quad V$$
$$K \in \{0,1\}^m, f \quad\quad\quad\quad\quad\quad\quad K \in \{0,1\}^m, f$$

Phase lente :

Génère N_P $\quad\xrightarrow{\quad N_P \quad}$

$\xleftarrow{\quad N_V \quad}$ $\quad$ Génère N_V

$f(K, N_P, N_V)$ $\quad\quad\quad\quad\quad\quad\quad\quad f(K, N_P, N_V)$
Génère $q \in \{0,1\}^{n(N_f - 1)}$ $\quad\quad\quad\quad$ Génère $c \in \{0,1\}^n$

Phase rapide :
Pour $i = 1 \cdots n$

Si mapping correct **alors** $\quad\xleftarrow{\quad c_i \quad}$ $\quad$ Envoie c_i avec K_i^V
$\quad r_i = R_i^{c_i}$
$\quad C = K_i^P$
sinon
$\quad C = q_i$
Envoie r_i avec C $\quad\xrightarrow{\quad r_i \quad}$ $\quad$ Mesure RTT : δt_i
Fin phase rapide :

$\quad\quad\quad\quad\quad\quad\quad\quad\quad\quad\quad\quad$ Vérifie exactitude des r_i
$\quad\quad\quad\quad\quad\quad\quad\quad\quad\quad\quad\quad$ et $\delta t_i \leq t_{max}$

FIGURE 3.7 – Protocole SMCP.

3.5 Analyse de sécurité en absence du bruit

Dans cette section, la sécurité des protocoles STHCP et SMCP est analysée dans le cas idéal d'un canal sans bruit. Mes protocoles appartiennent à la classe de HK. Ainsi, l'analyse de sécurité est réalisée avec les stratégies naïves et par pré-interrogation.

3.5.1 Protocole STHCP

La sécurité du protocole STHCP est considérée avec les deux modulations PPM et OOK. En effet, la sécurité de ce protocole est différente avec la modulation OOK car on n'est pas en mesure de détecter une attaque avec les chips 0 correspondants à l'absence des impulsions.

Modulation PPM

Stratégie naïve - L'adversaire répond aux défis de V avec des réponses $\hat{r}_i$ choisis aléatoirement. L'adversaire ne connaît pas les *slots* où il doit émettre les réponses. Il choisit alors d'émettre dans chaque trame d'un symbole x pulses dans différents *slots*, $x \in \{1, \cdots, N_c - N'\}$. Soit Y la probabilité que l'adversaire choisisse le bon *slot* et que les $(x-1)$ autres pulses ne soient pas détectés par V pour une trame d'un symbole. La valeur de Y est donnée par :

$$Y = \frac{x \cdot \binom{N_c - (1+N')}{x-1}}{N_c \cdot \binom{N_c - 1}{x-1}}.$$

Pour réussir son attaque pour un tour, Y doit être mis en exposant N_f. De plus, l'adversaire doit choisir la réponse correcte $\hat{r}_i = r_i$. Ainsi, la probabilité du succès est $Y^{N_f}/2$ pour un tour. Les probabilités du succès pour les différents tours sont indépendants. La probabilité du succès globale P_{na} est alors :

$$P_{na} = \left(\frac{Y^{N_f}}{2} \right)^n. \tag{3.10}$$

Il est intéressant pour l'adversaire de choisir le nombre de pulses optimal à transmettre x_{opt} afin de maximiser sa probabilité du succès. Le problème d'optimisation revient à maximiser Y. La solution à ce problème est :

$$x_{opt} = \left\lceil \frac{N_c - N'}{N' + 1} \right\rceil; \tag{3.11}$$

où la notation $\lceil . \rceil$ désigne l'entier supérieur ou égal le plus proche. Lorsque $N' \geq N_c/2$, $x_{opt} = 1$. De plus, une valeur de N' supérieure ou égale à $N_c/2$ n'améliore plus la sécurité. Donc, il est inutile de prendre des valeurs de N' strictement supérieures à $N_c/2$.

Stratégie par pré-interrogation - Durant l'attaque, l'adversaire interroge P avec ces propres défis $\hat{c}_i$ choisis aléatoirement. Il transmet pendant chaque trame d'un symbole x pulses, $x \in \{1, \cdots, N_c - N'\}$ pour différents *slots* choisis aléatoirement. Après réception des réponses r_i de P, l'adversaire exécute alors le protocole avec V. Il répond aux défis par $\hat{r}_i = r_i$ transmis dans les mêmes *slots* qu'il a reçus. Ainsi, l'adversaire émet ici dans chaque trame un seul pulse. Pour réussir son attaque, l'adversaire doit répondre avec les bonnes réponses et il doit choisir les *slots* corrects pour envoyer ses faux défis et ses réponses. De plus, il ne doit pas être détecté par V. Le résultat du calcul de la probabilité du succès de l'attaque avec cette stratégie d'interrogation P_{pa} donne :

$$P_{pa} = (X)^n = \left(\frac{(N_c^{N_f} - 1) \cdot Y^{N_f} + 1}{N_c^{N_f}} \cdot \frac{2 + Y^{N_f}}{4} \right)^n ; \qquad (3.12)$$

où X indique la probabilité du succès pour un tour.

L'adversaire cherche le nombre de pulses à transmettre pour maximiser sa probabilité du succès. Le problème d'optimisation revient à maximiser une fonction croissante de Y. La solution reste donc la même que précédemment donnée par l'équation (3.11).

Comparaison des stratégies - La sécurité du protocole est déterminée en comparant les probabilités du succès des différentes stratégies d'attaque : $\max(P_{na}, P_{pa})$. J'ai :

$$\frac{P_{pa}}{P_{na}} = \left(\frac{(N_c \cdot Y)^{N_f} + \dots}{Y^{N_f}} \right)^n \geq 1.$$

Par conséquent, la stratégie par pré-interrogation est plus bénéfique pour l'adversaire ce qui est logique.

Modulation OOK

La sécurité du protocole STHCP est différente avec la modulation OOK. En effet, la détection de l'attaque est plus limitée car l'adversaire n'a pas besoin d'émettre des pluses pour les chips 0. La probabilité du succès de l'adversaire avec la stratégie par pré-interrogation contre le protocole STHCP utilisant la modulation OOK est :

$$P_{pa} = (X)^n = \left(\frac{(N_c^{\frac{N_f}{2}} - 1) \cdot U^{\frac{N_f}{2}} + 1}{N_c^{\frac{N_f}{2}}} \cdot \frac{2 + Y^{\frac{N_f}{2}}}{4} \right)^n ; \qquad (3.13)$$

où $U = \binom{N_c - N'}{x} / \binom{N_c}{x}$.

L'expression fait intervenir l'exposant $N_f/2$ qui correspond au poids de Hamming du code de *mapping* équilibré utilisé dans le protocole STHCP. En comparant le résultat de l'OOK (équation (3.13)) avec le résultat de la PPM (équation (3.12)), la probabilité du succès avec l'OOK fait apparaître le terme U. Ce terme correspond à la probabilité que l'adversaire ne soit pas détecté par P durant une trame d'un symbole. Sa valeur est différente par rapport à la PPM car dans ce cas l'adversaire n'a pas besoin d'émettre dans le bon time *slot* pour qu'il ne soit pas détecté. Le nombre de pulses que l'adversaire doit émettre pour maximiser sa probabilité du succès est similaire à la PPM.

Comparaison des deux modulations

Je compare le niveau de sécurité fourni par le protocole STHCP avec les deux modulations PPM et OOK. Dans la Figure 3.8, je représente la probabilité du succès de l'attaque en fonction du nombre de tours n avec les deux modulations. Les paramètres du protocole STHCP sont les suivants : $N_c = 8$, $N_f = 2$ et $N' = 3$. Au même niveau de sécurité et pour les paramètres mentionnés ci-avant, le protocole STHCP avec la modulation OOK nécessite approximativement 2,76 fois nombre de tours par rapport à la modulation PPM.

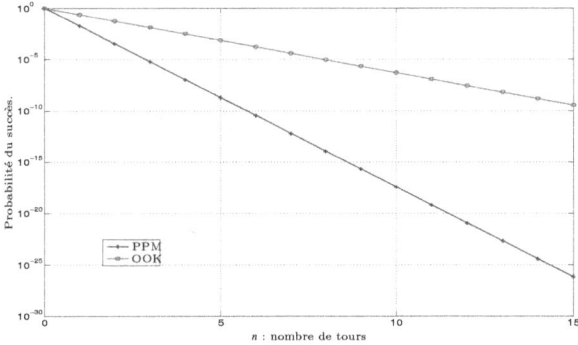

FIGURE 3.8 – Comparaison de la sécurité du protocole STHCP avec les modulations PPM et OOK, $N_c = 8, N_f = 2$ et $N' = 3$.

Discussion sur les paramètres du protocole

Les paramètres de sécurité du protocole STHCP en plus du nombre de tours sont : N_c, N' et N_f. Le paramètre principal qui contribue à la sécurité du protocole est N_c. N' est lié au paramètre principal N_c puisque $N' \in \{1, \cdots, N_c - 1\}$. Par contre, N_f n'est pas un paramètre de sécurité intervenant directement dans la construction du protocole. Il contribue à la sécurité globale du protocole STHCP simplement parce que la structure du symbole TH-UWB contient de la redondance. La Figure 3.9 montre la probabilité du succès de l'attaque en fonction de N_c (puissance de 2). La probabilité du succès décroît d'abord rapidement et ensuite lentement. La raison est que N' est maintenue fixe ($N' = 1$) pour toutes les valeurs de N_c représentées. Le paramètre N_c tout seul ne contribue pas efficacement à la sécurité ; il doit être couplé au paramètre N'. Lorsque N_c augmente, N' doit augmenter également. La Figure 3.10 montre la probabilité du succès de l'adversaire en fonction de N'. La probabilité du succès décroît rapidement pour $1 \leq N' < N_c/2$ avant de devenir constante à partir de $N' = N_c/2$. Ainsi, prendre N' strictement supérieur à $N_c/2$ est inutile comme il est indiqué auparavant.

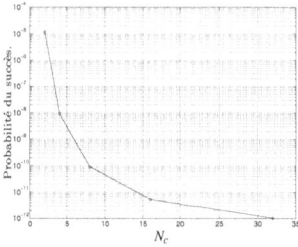

FIGURE 3.9 – Probabilité du succès de l'adversaire contre le protocole STHCP en fonction de N_c, $N' = 1$, $N_f = 1$, modulation PPM et $n = 15$.

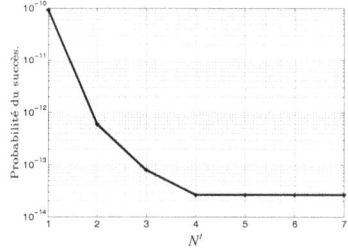

FIGURE 3.10 – Probabilité du succès de l'adversaire contre le protocole STHCP en fonction de N', $N_c = 8$, $N_f = 1$, modulation PPM et $n = 15$.

3.5.2 Protocole SMCP

Dans le protocole SMCP, le code TH est publique ce qui signifie que l'adversaire connaît les instants de transmission des impulsions. La sécurité du protocole SMCP est indépendante du type de la modulation PPM ou OOK. Pour l'analyse de sécurité en absence du bruit, je prends $\Delta = 0$. En effet, il n'y a pas d'intérêt de correction d'erreur en absence du bruit.

Stratégie naïve

L'adversaire essaie de répondre aux défis de V tout seul. Il ne connaît pas les codes de *mapping* des réponses, donc l'adversaire choisit des codes de *mapping* aléatoirement. Il réussit son attaque dans un tour i si le code de *mapping* choisi correspond au code attendu par V. La probabilité du succès avec cette stratégie d'attaque P_{na} est :

$$P_{na} = \left(\frac{1}{2^{N_f}} \right)^n . \tag{3.14}$$

Stratégie par pré-interrogation

L'adversaire interroge P avec des défis dont le code de *mapping* est choisi aléatoirement. Après réception des réponses de P, l'adversaire répond aux défis de V par

70

des réponses codées de la même manière que les réponses reçues de P. Le résultat du calcul de la probabilité du succès avec cette stratégie d'attaque P_{pa} donne :

$$P_{pa} = \left(\frac{1}{2^{N_f}} \cdot \left(\frac{5}{2} - \frac{1}{2^{N_f-1}} \right) \right)^n. \qquad (3.15)$$

Comparaison des stratégies

La sécurité du protocole est définie par le $\max(P_{na}, P_{pa})$. J'ai :

$$\frac{P_{pa}}{P_{na}} = \left(\frac{5}{2} - \frac{1}{2^{N_f-1}} \right)^n \geq 1.$$

Ainsi, la stratégie par pré-interrogation est plus bénéfique pour l'adversaire et la sécurité du protocole est donnée par P_{pa}.

3.6 Analyse de sécurité en présence du bruit

Une exécution avec succès des protocoles STHCP et SMCP nécessite que toutes les réponses de P soient correctement reçues. La phase rapide ne met pas en œuvre des mécanismes sophistiqués de détection/correction d'erreurs pour limiter les traitements durant cette phase. En pratique, certaines réponses reçues peuvent être erronées à cause du bruit. La conception des protocoles STHCP et SMCP doit être modifiée en tolérant ℓ erreurs durant la phase rapide. Le paramètre ℓ a un effet important sur la sécurité du protocole. En effet, augmenter ℓ fait décroître la probabilité du faux rejet mais en même temps fait accroître la probabilité du succès de l'attaque. J'analyse la sécurité de mes protocoles STHCP et SMCP tenant compte de cette modification. Le modèle de la radio est tel que décrit dans le paragraphe 3.4.1.

3.6.1 Protocole STHCP

Probabilité du faux rejet

La probabilité du faux rejet est définie par la probabilité que V rejette un prouveur légitime en absence d'un attaquant. Cela peut se produire lorsque plus de ℓ réponses erronées apparaissent. Je désigne ε la probabilité d'une réponse erronée pendant le $i^{\text{ème}}$ tour. La valeur de ε vaut :

$$\varepsilon = \frac{3}{2} \cdot P_{es} - (P_{es})^2.$$

71

P_{es} est la probabilité d'erreur symbole du lien UWB-IR dépendant du choix de la modulation et elle est donnée par l'inéquation (1.16) prise avec une stricte égalité. Dans ce calcul de la valeur de ε, je suppose la même probabilité d'erreur symbole pour les deux liens $V \rightleftharpoons P$ ce qui est en accord avec le fait que V et P ont des capacités identiques. La probabilité du faut rejet P_{FR} est liée à ε par la relation :

$$P_{FR} = \sum_{i=\ell+1}^{n} \binom{n}{i} \cdot \varepsilon^i \cdot (1-\varepsilon)^{n-i}. \tag{3.16}$$

L'expression traduit la probabilité d'apparition de i erreurs, $i > \ell$ avec toutes les combinaisons possibles de ces i erreurs sur les n tours. Je sélectionne au paramètre ℓ la valeur :

$$\ell = \lceil \varepsilon \cdot n \rceil. \tag{3.17}$$

Ce choix permet d'adapter le nombre d'erreurs tolérées à la qualité du lien mais il requiert que V a une information sur le taux d'erreurs.

La Figure 3.11 montre la probabilité du faux rejet pour les deux modulations PPM et OOK en fonction du rapport énergie du pulse sur bruit E_p/N_0 et pour n fixé à 25. La probabilité du faux rejet dépend de E_p/N_0 via les relations (3.16) et (3.17). Les valeurs numériques des paramètres du lien UWB-IR sont : $T = 2$ ns, $W = 1,5$ GHz et $N_f = 8$. Pour $E_p/N_0 < 12$ dB, P_{FR} est trop élevée et n'est pas suffisante. A partir de $E_p/N_0 > 12$ dB, P_{FR} décroît rapidement avec E_p/N_0. En outre, la probabilité du faux rejet avec l'OOK est légèrement meilleure que la PPM. Ce résultat est en concordance avec le fait que les performances du récepteur OOK non-cohérent dépassent légèrement celles du récepteur PPM non-cohérent.

Probabillité de fausse acceptation

L'autorisation de quelques erreurs durant la phase rapide fait bénéficier la probabilité du succès de l'attaquant. Maintenant, l'adversaire a besoin de réussir en seulement $(n-j)$ tours, $0 \leq j \leq \ell$ et il peut répondre avec des réponses incorrectes pour j tours. Je dénomme la probabilité du succès de l'adversaire dans ce cas *probabilité de fausse acceptation*. Son expression P_{FA} est donnée par :

$$P_{FA} = \sum_{j=0}^{\ell} \binom{n}{j} \cdot X^{n-j} \cdot Z^j. \tag{3.18}$$

Dans cette équation, X correspond à la probabilité du succès pour un tour déjà calculée dans la section précédente. Alors que Z correspond à la probabilité d'une mauvaise réponse sans détection d'attaque pour un tour. La valeur de Z pour les

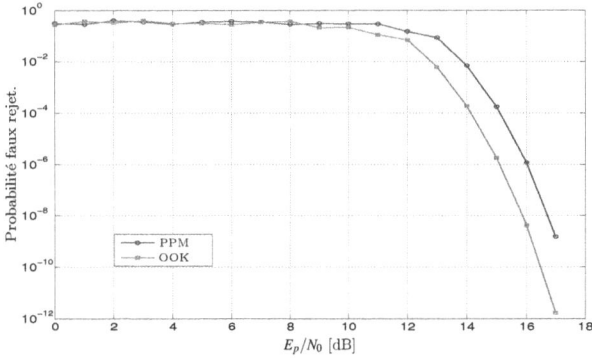

FIGURE 3.11 – Probabilité du faux rejet du protocole STHCP avec les modulations PPM et OOK, $T = 2$ ns, $W = 1{,}5$ GHz et $N_f = 8$.

deux modulations PPM et OOK est donnée respectivement par :

$$Z(PPM) = \left(\frac{\left(N_c^{N_f} - 1 \right) \cdot Y^{N_f} + 1}{N_c^{N_f}} \cdot \frac{2 - Y^{N_f}}{4} \right) ;$$

$$Z(OOK) = \left(\frac{\left(N_c^{N_f/2} - 1 \right) \cdot U^{N_f/2} + 1}{N_c^{N_f/2}} \cdot \frac{2 - Y^{N_f/2}}{4} \right) .$$

Je mentionne que le calcul est effectué dans le pire cas d'un adversaire capable d'établir des canaux sans erreurs de transmission.

La Figure 3.12 représente la probabilité de fausse acceptation en fonction du rapport signal à bruit pour les deux modulations PPM et OOK. La probabilité de fausse acceptation dépend de E_p/N_0 via ℓ toujours donné par la relation (3.17). La probabilité de fausse acceptation prend des valeurs discrètes et son comportement est différent selon l'intervalle auquel appartient E_p/N_0. En effet, pour la modulation PPM, P_{FA} est décroissante pour $E_p/N_0 < 16{,}5$ dB. Pour la modulation OOK, P_{FA} est décroissante pour $E_p/N_0 < 15{,}5$ dB. A partir de ces valeurs limites, P_{FA} devient constante et minimale. Le choix de ℓ selon la relation (3.17) permet d'avoir une probabilité de fausse acceptation constante et minimale à partir d'une certaine valeur du rapport signal à bruit. Mais, ce choix de ℓ ne permet pas d'atteindre le même niveau de sécurité que le cas d'un canal sans bruit. En outre, en comparant les deux modulations PPM et OOK, je conclus que la PPM assure un niveau de sécurité beaucoup plus élevé que l'OOK.

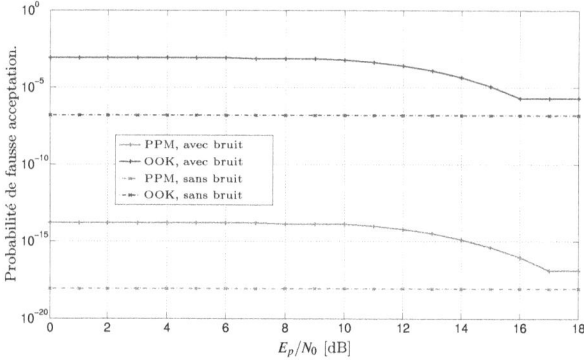

FIGURE 3.12 – Probabilité de fausse acceptation en fonction du rapport signal à bruit, paramètres du protocole STHCP : $N_c = 4$, $N_f = N' = 2$ et $n = 15$.

3.6.2 Protocole SMCP

Probabilité du faux rejet

En absence de l'adversaire, le $i^{\text{ème}}$ tour du protocole SMCP échoue si le code de *mapping* reçu de la réponse r_i est à une distance de Hamming $> \Delta$ du code prévu par le coset K_i^P. Soit ε la probabilité de cet évènement. Pour calculer ε, j'ai besoin de définir le système complet d'évènements :

- D_1 : réception d'un symbole avec j erreurs chips, $0 \le j \le \Delta$;
- D_2 : réception d'un symbole avec j erreurs chips, $\Delta < j < N_f - \Delta$;
- D_3 : réception d'un symbole avec j erreurs chips, $N_f - \Delta \le j \le N_f$.

Les probabilités de ces évènements sont données par :

$$Q_1 = P(D_1) = \sum_{j=0}^{\Delta} \binom{N_f}{j} \cdot (P_{ec})^j \cdot (1 - P_{ec})^{N_f - j};$$

$$Q_3 = P(D_3) = \sum_{j=N_f-\Delta}^{N_f} \binom{N_f}{j} \cdot (P_{ec})^j \cdot (1 - P_{ec})^{N_f - j};$$

$$Q_2 = P(D_2) = 1 - (Q_1 + Q_3).$$

ε est liée aux probabilités Q_1, Q_2 et Q_3 par la relation :

$$\varepsilon = P_{es} \cdot Q_1 + \frac{1 - \sum_{j=0}^{\Delta} \binom{N_f}{j}}{2^{N_f}} \cdot Q_2 + \frac{Q_3}{2} \cdot (1 + Q_2).$$

P_{es} est la probabilité d'erreur symbole du lien symétrique $V \rightleftharpoons P$ toujours donnée par l'équation (1.16) sauf que t la capacité de correction d'erreurs vaut Δ pour le protocole SMCP. Ainsi, la probabilité du faux rejet P_{FR} est :

$$P_{FR} = \sum_{i=\ell+1}^{n} \binom{n}{i} \cdot \varepsilon^i \cdot (1 - \varepsilon)^{n-i}. \tag{3.19}$$

J'opte pour un choix de ℓ équivalent au protocole STHCP donné par la relation (3.17).

La Figure 3.13 représente la probabilité du faux rejet du protocole SMCP en fonction du rapport signal à bruit et pour trois valeurs différentes de Δ : 0, 2 et 3. Ces valeurs correspondent respectivement aux cas : absence de correction d'erreur, capacité de correction intermédiaire et capacité de correction maximale sachant que $N_f = 8$. Les paramètres du lien UWB-IR sont similaires au protocole STHCP, la modulation PPM est considérée et n est fixé à 25. La probabilité du faux rejet avec $\Delta = 3$ (*resp.* $\Delta = 0$) devient décroissante à partir de $E_p/N_0 = 12$ dB (*resp.* 18 dB). Le comportement de la probabilité du faux rejet avec $\Delta = 2$ est proche du cas $\Delta = 3$ où P_{FR} devient décroissante à partir de $E_p/N_0 = 13$ dB. Pour garantir une probabilité du faux rejet de 10^{-6}, le rapport signal à bruit nécessaire est de 15,5 dB pour $\Delta = 3$, 17,5 dB pour $\Delta = 2$ et 21,5 dB pour $\Delta = 0$. Ce résultat indique que prendre $\Delta = 0$ et donc exploiter le code de *mapping* exclusivement pour la sécurité introduit une perte d'environ 6 dB.

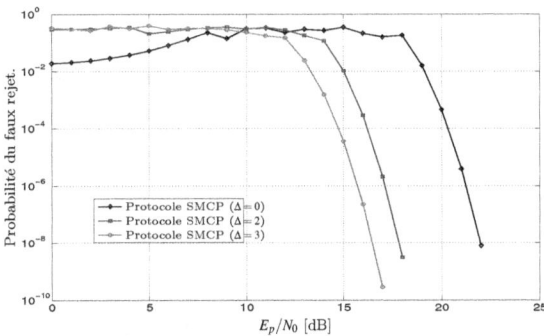

FIGURE 3.13 – Probabilité du faux rejet du protocole SMCP avec $N_f = 8$, $T = 2$ ns, $W = 1,5$ GHz, modulation PPM et $n = 25$.

Probabilité de fausse acceptation

Je considère maintenant la probabilité du succès de l'adversaire avec la meilleure stratégie par pré-interrogation prenant en considération le paramètre ℓ. La probabilité de fausse acceptation P_{FA} pour le protocole SMCP est :

$$P_{FA} = \sum_{j=0}^{\ell} \binom{n}{j} \cdot X^{n-j} \cdot Z^{j}. \qquad (3.20)$$

Les expressions de X et Z pour le protocole SMCP sont données respectivement par :

$$X = \frac{\sum_{k=0}^{\Delta} \binom{N_f}{k}}{2^{N_f}} \cdot \left(\frac{5}{2} - \frac{\sum_{k=0}^{\Delta} \binom{N_f}{k}}{2^{N_f-1}} \right);$$

$$Z = \frac{\sum_{k=0}^{\Delta} \binom{N_f}{k}}{2^{N_f}} \cdot \left(\frac{3}{2} - \frac{\sum_{k=0}^{\Delta} \binom{N_f}{k}}{2^{N_f-1}} \right).$$

Je montre dans la Figure 3.14 la probabilité de fausse acceptation en fonction du rapport signal à bruit. Trois valeurs de Δ sont considérées : $\Delta = 0$, $\Delta = 2$ et $\Delta = 3$. La probabilité de fausse acceptation devient constante et minimale à partir de E_p/N_0 12 dB ($\Delta = 3$), $E_p/N_0 = 13,5$ dB ($\Delta = 2$) et $E_p/N_0 = 18$ dB ($\Delta = 0$). Du point de vue sécurité, le protocole SMCP avec $\Delta = 0$ offre un niveau de sécurité beaucoup plus élevé. Du point de vue robustesse au bruit, il y a une perte de 6 dB du protocole SMCP avec $\Delta = 0$ par rapport au cas $\Delta = 3$. Le protocole SMCP avec $\Delta = 2$ offre un bon compromis par rapport aux deux cas limites entre robustesse au bruit et sécurité.

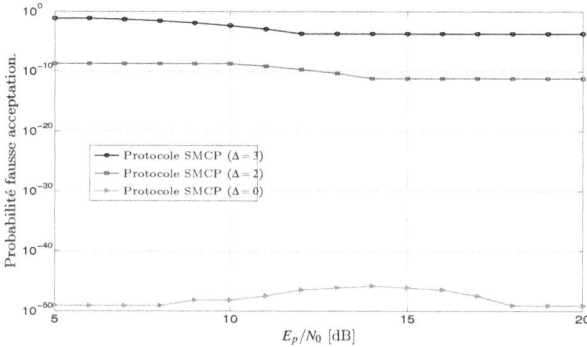

FIGURE 3.14 – Probabilité de fausse acceptation du protocole SMCP avec $N_f = 8$, $T = 2$ ns, $W = 1,5$ GHz, modulation PPM et $n = 25$.

3.7 Comparaisons

L'objectif de la conception de mes protocoles est d'améliorer la sécurité de HK [117] et d'atteindre la sécurité de MUSE-pHK [136]. Dans cette section, j'étudie jusqu'à quelle limite mes protocoles parviennent à cet objectif en les comparant aux protocoles de l'état de l'art décrits dans la section 3.2 : HK, Munilla & Peinado et MUSE-pHK. La comparaison est réalisée selon différents critères : nombre de tours, erreurs tolérées, consommation mémoire et coût énergétique.

3.7.1 Sécurité en fonction du nombre de tours

La Figure 3.15 représente l'évolution des probabilités du succès de la fraude mafieuse pour les différents protocoles en fonction du nombre de tours dans le cas sans bruit. La comparaison est établie avec les paramètres mentionnés ci-après. Pour le protocole STHCP : $N_c = 8$, $N_f = 1$ et $N' \in \{1, 4\}$. Le paramètre N_f est pris égal à 1 pour ne pas tenir compte de la contribution de la redondance du symbole TH-UWB sur la sécurité du protocole STHCP. Pour le protocole SMCP : $N_f = 3$ et $\Delta = 0$. Enfin, pour le protocole MUSE-pHK : $p = 8$. Le choix des paramètres $N_c = 8$ pour le protocole STHCP, $N_f = 3$ pour le protocole SMCP et $p = 8$ pour le protocole MUSE-pHK assure des conditions de comparaison justes entre les différents protocoles. Clairement, les protocoles STHCP et SMCP améliorent la sécurité de HK et Munilla & Peinado. La sécurité du protocole STHCP dépasse le niveau de sécurité offert par MUSE-pHK pour toutes les valeurs possibles de N'. Le protocole SMCP offre un niveau de sécurité légèrement inférieur que MUSE-pHK.

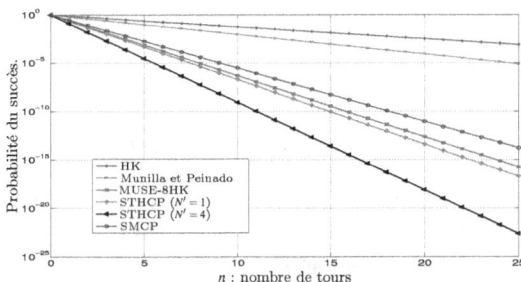

FIGURE 3.15 – Sécurité en fonction du nombre de tours n : STHCP (PPM, $N_c = 8$, $N_f = 1$), SMCP ($N_f = 3$, $\Delta = 0$) et MUSE-pHK ($p = 8$).

3.7.2 Sécurité en fonction d'erreurs tolérées

Pour comparer la robustesse des différents protocoles au bruit, je trace dans la Figure 3.16 les probabilités de fausse acceptation en fonction du nombre d'erreurs tolérées ℓ, le paramètre commun entre les différents protocoles. Le nombre de tours étant fixé à $n = 25$. Les paramètres du protocole STHCP sont : $N_c = 8$, $N_f = 1$ et $N' = 1$. Pour le protocole SMCP, on a $N_f = 3$ et $\Delta = 0$. Les choix des paramètres $N_f = 1$ pour le protocole STHCP et $\Delta = 0$ pour le protocole SMCP se justifient par l'attention d'assurer des conditions de comparaison justes entre les différents protocoles. En effet, un mécanisme de correction d'erreurs n'est pas prévu dans la construction des protocoles HK, MUSE-pHK et Munilla & Peinado ; une comparaison juste exige de ne pas en tenir compte. Les résultats de la Figure 3.16 montrent que le protocole STHCP offre toujours le meilleur niveau de sécurité en présence du bruit même avec une valeur minimale de $N' = 1$. A la différence du cas sans bruit, le protocole SMCP fournit un niveau de sécurité meilleur que MUSE-pHK pour un environnement fortement bruité ($\ell \geq 3$). Ce constat se justifie par le mécanisme de détection d'attaque prévu dans la conception du protocole SMCP.

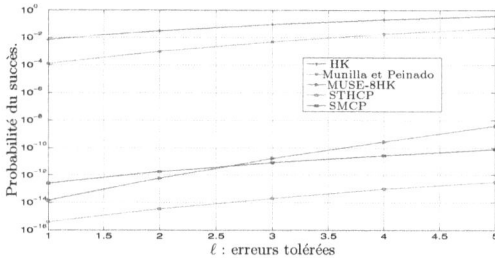

FIGURE 3.16 – Sécurité en fonction d'erreurs tolérées ℓ : STHCP (PPM, $N_c = 8$, $N_f = 1$, $N' = 1$), SMCP ($N_f = 3$, $\Delta = 0$) et $n = 25$.

3.7.3 Sécurité en fonction de la consommation mémoire

La phase initiale des protocoles STHCP et SMCP nécessite le stockage des éléments binaires dans des registres qui seront utilisés durant la phase rapide. Le Tableau 3.2 montre la consommation mémoire des protocoles STHCP et SMCP. La consommation est linéaire en fonction des paramètres des protocoles.

Le Tableau 3.3 compare la consommation mémoire des différents protocoles pour un niveau de sécurité fixé. Le protocole HK est placé en première position. Le protocole SMCP est en seconde position, suivi par les protocoles STHCP et Munilla &

Protocole	Consommation (nombre de bits)
STHCP	$3n(N_f \cdot \log_2 N_c + 1)$
SMCP	$n(3N_f - 1)$

TABLE 3.2 – Consommation mémoire des protocoles STHCP et SMCP.

Peinado en même position. Finalement, le protocole MUSE-4HK se place en dernière position. Pour conclure, mes protocoles permettent d'atteindre le niveau de sécurité du protocole MUSE-pHK tout en assurant une moindre consommation mémoire.

Probabilité	HK	Munilla et Peinado	MUSE-4HK	STHCP	SMCP
$8,14 \cdot 10^{-7}$	98	120	136	120	105
$7,35 \cdot 10^{-10}$	148	180	208	180	155
$6,63 \cdot 10^{-13}$	196	240	272	240	205
$5,99 \cdot 10^{-16}$	244	300	344	300	255

TABLE 3.3 – Sécurité en fonction de la consommation mémoire, protocole STHCP (PPM, $N_c = 4$, $N_f = 1$, $N' = 2$) et protocole SMCP ($N_f = 2$, $\Delta = 0$).

3.7.4 Sécurité en fonction du coût énergétique

La conception du protocole STHCP exige l'écoute des *slots* additionnels en plus du *slot* prévu pour la réception de l'impulsion. Un des objectifs de ce paragraphe est d'étudier l'impact de cette écoute sur le coût énergétique global de ce protocole. Pour ce faire, je suppose que les protocoles STHCP, SMCP et HK utilisent la même radio TH-UWB avec les paramètres $N_c = 4$ et $N_f = 3$. Je suppose de plus que l'émission d'une impulsion coûte $1\,\mathcal{U}$ alors que la réception d'une impulsion coûte $T\,\mathcal{U}$, où $\mathcal{U}$ désigne l'unité standard. L'étude du coût énergétique se contente de la phase rapide puisque le coût de la phase lente est le même pour tous les protocoles. Le protocole HK est supposé conçu sur une radio TH-UWB avec un code du saut et un code de *mapping* publiques.

Le Tableau 3.4 montre les résultats de l'étude du coût énergétique approximatif exprimé en $\mathcal{U}$ pour un niveau de sécurité fixé des différents protocoles. n_1 désigne le nombre de tours du protocole STHCP. Mes protocoles économisent considérablement le coût énergétique du protocole HK. Le protocole STHCP offre le meilleur coût énergétique à un niveau de sécurité égal. Ainsi, l'écoute des *slots* additionnels pour le protocole STHCP n'affecte pas l'efficacité énergétique globale de ce protocole.

Protocole	Coût énergétique
STHCP	$6n_1(3T+1)$
SMCP	$18n_1(T+1)$
HK	$84n_1(T+1)$

TABLE 3.4 – Coût énergétique pour un niveau de sécurité fixé des différents protocoles, STHCP (PPM,$N_c = 4$,$N_f = 3$,$N' = 2$), SMCP ($N_f = 3$,$\Delta = 0$).

3.8 Discussion

Dans les hypothèses de mes protocoles, j'ai supposé que la synchronisation entre V et P est établie durant la phase lente et qu'elle reste maintenue durant la phase rapide. Je justifie dans la suite, la validité de cette hypothèse. Je rappelle que la durée totale de la phase rapide inclut le nombre de tours n, le temps symbole T_s et le temps de traitement t_d. Pour une précision de l'horloge de $20ppm$ et pour les valeurs numériques $n = 20$, $T_s = 240$ ns et $T_d = T_s$, la dérive de l'horloge après l'exécution de toute la phase rapide est de 384 ps. Ceci prouve que, dans des conditions raisonnables, la dérive reste limitée et mon hypothèse est valable. Cependant, pour un nombre de tours beaucoup plus important, un mécanisme de poursuite de la synchronisation devrait être mis en œuvre durant la phase rapide.

La comparaison entre mes deux protocoles révèle que le protocole STHCP est plus robuste en sécurité et plus résistant au bruit ; alors que, le protocole SMCP a l'avantage d'une consommation mémoire plus faible.

3.9 Conclusion

Mon objectif principal dans ce chapitre est d'améliorer la sécurité du protocole HK par des mécanismes de la couche physique TH-UWB. Avoine *et al.* [136] ont proposé le protocole MUSE-pHK dont l'idée est basée sur l'extension de l'espace d'état de l'état binaire à l'état p-symbole ; c'est la meilleure amélioration connue du niveau de sécurité de HK. Cependant, leur proposition reste théorique puisque les auteurs n'ont pas donné un moyen pratique pour l'extension de l'espace d'état. Dans ce contexte, j'ai proposé deux nouveaux protocoles sur une radio TH-UWB. Le premier est appelé STHCP et il est basé sur l'utilisation des codes de saut secrets. Le second est appelé SMCP et il est basé sur des codes de *mapping* secrets. J'ai accompli une analyse de sécurité de ces deux protocoles d'abord dans un environnement sans bruit et ensuite en présence du bruit. Cette analyse tient compte des paramètres de la couche physique comme la modulation, le canal, le rapport signal-à-bruit et la structure de réception. La comparaison avec l'état de l'art démontre que mes deux protocoles améliorent considérablement la sécurité de HK et atteignent le niveau de sécurité de MUSE-pHK. De plus, mes protocoles présentent plusieurs figures de mérite en termes de résistance au bruit, consommation mémoire ($\approx 3/4$ celle de MUSE-pHK) et coût énergétique ($\approx 1/5$ celui de HK).

Avec l'émergence des systèmes RFID et des moyens de paiement sans contact, l'attaque par relais devient une grande menace contre des systèmes industrialisés. En conséquence, le travail de recherche sur DB a connu un grand développement ces dernières années [145–149]. Ces récents travaux couvrent trois aspects principaux. Le premier aspect concerne le développement des preuves de sécurité formelles [147, 149, 150]. Le second aspect concerne l'analyse de sécurité en présence du bruit [148, 151, 152]. Finalement, le troisième aspect s'intéresse à l'implémentation sur des architectures à faible latence et la validation des résultats théoriques [153–155]. Dans ce contexte, mes contributions se positionnent dans l'aspect analyse de sécurité en présence du bruit compte-tenu des considérations d'implémentation.

Dans mes travaux, je me suis intéressé particulièrement à la fraude mafieuse. Il est intéressant d'étudier la robustesse des protocoles à la fraude sur la distance. Mes protocoles ont été conçus pour une authentification mono-utilisateur. Une direction de recherche serait de considérer la généralisation de mes protocoles à une authentification par groupe et d'examiner l'implication de cette généralisation sur la sécurité et sur les performances radio.

CHAPITRE

4 Brouillage

Sommaire

4.1 Les communications anti-brouillage

Avec le large développement des communications sans fil, le brouillage devient un problème majeur. L'adversaire émet un signal sur le canal lors du déroulement de la communication légitime. En conséquence, le signal utile et le signal du brouilleur interfèrent côté réception. L'adversaire est capable de réaliser une attaque de type *déni de service*.

Les communications anti-brouillage ont été développées pour lutter contre ce type d'attaque. L'approche de conception d'une communication anti-brouillage repose sur le choix des coordonnées du signal tel que le brouilleur ne peut pas atteindre un large rapport brouillage-sur-signal dans ce système des coordonnées. Naturellement, plus le nombre des coordonnées du signal est important, meilleure est la protection contre le brouillage. Pour un signal de largeur de bande W et de durée T, le nombre des coordonnées du signal est approximativement $\approx 2WT$ [156]. Pour une durée fixée T, le nombre des coordonnées est rendu large si W est grand ; d'où l'intérêt de **l'étalement de spectre**. Ainsi, les communications anti-brouillage reposent sur le concept de l'étalement de spectre. Trois techniques ont été employées [157] : les systèmes à étalement de spectre par séquence directe DSSS (*Direct Sequence Spread Spectrum*), les systèmes à étalement de spectre par saut fréquentiel FHSS (*Frequency Hopping Spread Spectrum*) et les systèmes TH-UWB.

4.1.1 Modélisation générale

Pour les définitions introduites dans ce chapitre, je me réfère au manuel de *M. K. Simon et al.* "Spread Spectrum Communications Handbook" [30]. Les ouvrages de *D. L. Adamy* "A Second Course in Electronic Warfare" [158], *D. J. Torrieri* "Principles of Secure Communication Systems" [159] et *R. A. Poisel* "Modern Communications Jamming Principles and Techniques" [157] constituent également des références clés dans le sujet. Le système de base d'une communication anti-brouillage fait apparaître les paramètres suivants :

- W : largeur de bande du signal étalé ;
- R_b : débit en bits/s ;
- P_s : puissance moyenne du signal à l'entrée du récepteur ;
- P_J : puissance moyenne du brouilleur à l'entrée du récepteur.

Le facteur d'étalement est un paramètre important d'un système à étalement de spectre. Il est défini par le rapport entre la largeur de bande du signal étalé et la bande du signal avant étalement $\approx W/R_b$. Le gain de traitement apporté par un système à étalement de spectre est lié à ce facteur d'étalement. Toutes ces définitions sont bien sûr générales et indépendantes de la technique d'étalement de spectre utilisée.

4.1.2 Communication DSSS

Dans un système DSSS, l'étalement de spectre est réalisé en modulant les symboles d'information par une séquence pseudo-aléatoire d'étalement (*cf.* Figure 4.1) [160]. Le débit de la séquence d'étalement (appelé débit *chip*) est beaucoup plus important que le débit des symboles d'information. Par conséquent, le signal résultant se trouve étalé par un facteur déterminé par le rapport entre le débit chip et le débit des données. Le signal DSSS occupe instantanément toute la bande entière W.

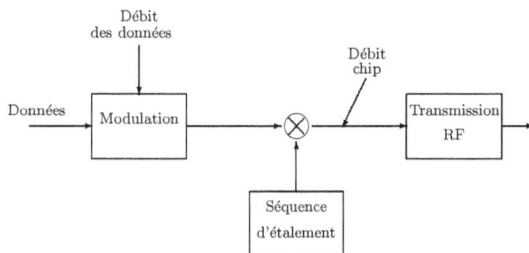

FIGURE 4.1 – Système DSSS.

4.1.3 Communication FHSS

Dans un système FHSS, toute la bande disponible est subdivisée en un nombre important des sous-canaux fréquentiels en bande étroite [160]. L'étalement de spectre est réalisé par un saut fréquentiel au cours du temps sur tous les sous-canaux. Contrairement au signal DSSS, le signal FHSS occupe instantanément seulement un sous-canal fréquentiel. En revanche, il occupe un spectre large au cours du temps. La sélection d'un sous-canal à chaque intervalle de temps se fait au moyen d'une séquence pseudo-aléatoire de saut fréquentiel (*cf.* Figure 4.2). Le facteur d'étalement du système FHSS est déterminé par le rapport entre la bande totale et la bande d'un sous-canal.

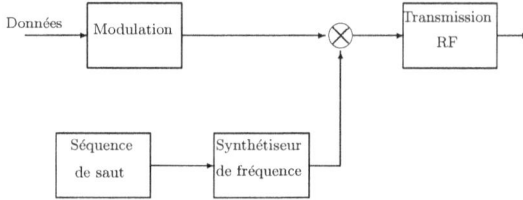

FIGURE 4.2 – Système FHSS.

4.1.4 Communication TH-UWB

La communication TH-UWB n'est pas une technique d'étalement de spectre proprement dite. En effet, le spectre d'un signal UWB est large par construction sans avoir recours à une technique d'étalement de spectre particulière. Par contre, la communication TH-UWB présente des propriétés qui la qualifie comme une communication anti-brouillage. En effet, le faible rapport cyclique du signal UWB permet un filtrage temporel à la réception. Ce filtrage apporte une protection contre le brouillage.

La littérature de l'analyse des communications à étalement de spectre (DSSS et FHSS) au brouillage est très riche. Concernant la communication DSSS, je peux mentionner à titre indicatif les travaux [161–163]. Quand à la communication FHSS, je mentionne les travaux [164–166]. Par contre, la littérature de l'analyse des communications TH-UWB face au brouillage est moins riche. Je me focalise dans mes travaux sur ce système de communication.

4.2 Etat de l'art

4.2.1 Métriques considérées

Pour l'analyse des communications anti-brouillage, deux métriques fondamentales sont souvent considérées : le *gain de traitement* ou la *probabilité d'erreur symbole*. Le gain de traitement est défini par le rapport entre le signal-sur-brouillage à la sortie du récepteur et celui à l'entrée du récepteur. La probabilité d'erreur est une métrique permettant d'évaluer les performances de la communication en présence de brouillage. Les autres métriques qui existent sont des variantes de ces deux métriques principales. Je signale que les deux métriques indiquées ne sont pas indépendantes :

un gain de traitement élevé a nécessairement un impact positif sur la probabilité d'erreur.

4.2.2 Modèles de brouillage

Il existe différents modèles de brouillage. Je présente ici deux modèles de brouillage classés selon la forme d'onde du brouilleur : le bouilleur gaussien et le brouilleur tonal/multi-tonal.

Brouilleur gaussien

Ce brouilleur émet sur le canal un bruit gaussien dans une bande de largeur W_J contenue dans la bande utile W. On distingue trois types du brouilleur gaussien selon l'ordre de grandeur de W_J :

- *brouilleur large bande :* le brouilleur place le bruit dans toute la bande du signal utile (*cf.* Figure 4.4 (b)) ;
- *brouilleur à bande partielle :* le brouilleur place le bruit dans une partie de la bande totale du signal utile (*cf.* Figure 4.4 (c)) ;
- *brouilleur à bande étroite :* le brouilleur place le bruit dans un sous-canal ou dans une bande W_J tel que $W_J \ll W$ (*cf.* Figure 4.4 (d)).

Pour illustrer les effets de ces types du brouilleur, je considère comme exemple la technique d'étalement de spectre FHSS. La modulation la plus populaire de la communication FHSS est la modulation BFSK (*Binary Frequency Shift Keying*) conjointement avec la réception non-cohérente. Le signal transmis $s(t)$ pendant le $n^{\text{ème}}$ temps symbole ; $nT_s \leq t < (n+1)T_s$ portant le symbole d'information $b_n \in \{-1, 1\}$ peut être exprimé par :

$$s(t) = \sqrt{2P_s} \sin\left[2\pi f_c t + 2\pi f_n t + 2\pi b_n \Delta f t\right] ;$$

où f_c est la fréquence centrale, f_n est la fréquence de saut et Δf est le décalage fréquentiel de la modulation BFSK. La Figure 4.3 illustre le principe de la réception non-cohérente de la modulation BFSK du système FHSS. Le synthétiseur de fréquence réalise une transposition de fréquence de la bande de saut vers la bande de base. Les sorties des détecteurs d'énergie dans la Figure 4.3 sont notées e_+ et e_-. La règle de décision sur le symbole d'information consiste à choisir :

$$\hat{b} = \begin{cases} +1, & e_+ > e_- \\ \\ -1, & e_+ \leq e_-. \end{cases}$$

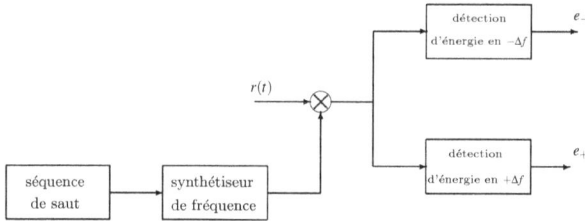

FIGURE 4.3 – Principe de réception de la modulation BFSK du système FHSS.

Je commence l'illustration par le brouilleur gaussien large bande. On définit la densité spectrale de puissance du brouilleur large bande par $N_J = P_J/W$. La probabilité d'erreur du système FHSS/BFSK en présence du brouilleur gaussien large bande peut être exprimée d'après [30] par :

$$P_e = \frac{1}{2}e^{-(E_s/2N_J)};\qquad(4.1)$$

où E_s est l'énergie symbole.

Ensuite, on considère l'effet du brouilleur gaussien à bande partielle. On note ρ la fraction entre la bande du brouilleur et la bande totale $\rho = W_J/W$. La densité spectrale de puissance équivalente dans la bande bruitée peut être exprimée par $N_J = \rho P_J/W_J$. Je suppose que W_J est grande devant la bande d'un sous-canal du système FHSS. Cela veut dire que la bande instantanée du signal FHSS peut être soit totalement bruitée, soit non bruitée. Dans ce cas, la probabilité d'erreur du système FHSS/BFSK en présence du brouilleur à bande partielle est toujours d'après [30] :

$$P_e = \frac{\rho}{2}e^{-\rho(E_s/2N_J)}.\qquad(4.2)$$

La valeur de ρ qui maximise P_e peut être obtenue par différentiation :

$$\rho^* = \begin{cases} \frac{2}{E_s/N_J}, & E_s/N_J > 2 \\ \\ 1, & E_s/N_J \le 2. \end{cases}$$

Ainsi, la probabilité d'erreur maximale est donnée par :

$$P_e = \begin{cases} \frac{e^{-1}}{E_s/N_J}, & E_s/N_J > 2 \\ \\ \frac{1}{2}e^{-(E_s/2N_J)}, & E_s/N_J \le 2. \end{cases}\qquad(4.3)$$

88

La Figure 4.5 montre la probabilité d'erreur du brouilleur large bande et bande partielle pire cas. La différence entre les deux devient importante pour les forts rapports signal-sur-brouillage.

Brouilleur tonal/multi-tonal

Le brouilleur tonal/multi-tonal émet un ou plusieurs signaux sinusoïdaux placés dans le spectre du signal utile. Le brouilleur tonal a la forme :

$$J(t) = \sqrt{2P_J}\cos(2\pi f_J t + \theta); \tag{4.4}$$

où f_J est la fréquence et θ est la phase. La représentation fréquentielle du brouilleur tonal est illustrée dans la Figure 4.4 (e).

Le brouilleur multi-tonal utilisant N_t signaux sinusoïdaux de même puissance peut être décrit par :

$$J(t) = \sum_{k=1}^{N_t} \sqrt{\frac{2P_J}{N_t}}\cos(2\pi f_k t + \theta_k); \tag{4.5}$$

où f_k sont les fréquences des signaux sinusoïdaux et θ_k sont leurs phases correspondantes. Toutes les phases θ_k sont supposées indépendantes et uniformément distribuées sur $[0, 2\pi[$. La représentation fréquentielle du brouilleur multi-tonal est illustrée par la Figure 4.4 (f).

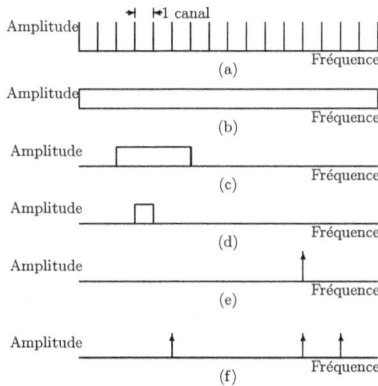

FIGURE 4.4 – Modèles de brouillage (a) spectre du signal utile, (b) brouilleur large bande, (c) brouilleur à bande partielle, (d) brouilleur bande étroite, (e) brouilleur tonal et (f) brouilleur multi-tonal.

On continue l'exemple illustratif avec la communication FHSS/BFSK pour étudier l'effet du brouilleur tonal/multi-tonal. On suppose que l'adversaire connaît le nombre total des sous-canaux et place N_t signaux sinusoïdaux dans un sous-ensemble des sous-canaux disponibles. La probabilité d'erreur du système FHSS/BFSK en présence du brouilleur multi-tonal est donnée par [30] :

$$P_e = \frac{N_t \cdot R_b}{W} \tag{4.6}$$

à condition que $P_J > N_t \times P_s$. La probabilité d'erreur du système avec le brouilleur tonal est un cas particulier où $N_t = 1$. Le pire choix pour P_J correspond à $P_J = N_t \times P_s$ ce qui aboutit à la probabilité d'erreur maximale suivante :

$$P_e^* = \frac{1}{E_s/N_J}. \tag{4.7}$$

La Figure 4.5 montre la probabilité d'erreur pire cas du brouilleur multi-tonal. Son effet est légèrement plus néfaste que le brouilleur à bande partielle pire cas. Je mentionne finalement que cet exemple illustratif n'est pas général et il est spécifique pour la technique d'étalement FHSS utilisant la modulation BFSK.

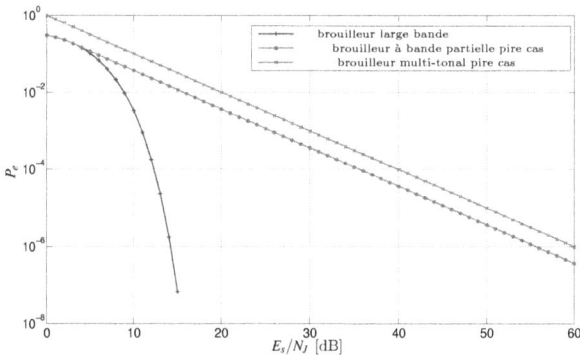

FIGURE 4.5 – Comparaison des différents modèles de brouillage avec une communication FHSS/BFSK [30].

4.2.3 Travaux existants sur l'analyse de la communication TH-UWB en présence de brouillage

Le Tableau 4.1 résume les travaux sur l'analyse de la communication TH-UWB en présence de brouillage. Ce tableau classifie les résultats existants selon le modèle de brouillage et le type du récepteur UWB. Il est à signaler que les travaux concernant le récepteur cohérent sont plus nombreux que ceux concernant le récepteur non-cohérent. Ceci s'explique par le fait que les premiers travaux sur l'UWB-IR ont exploité la réception cohérente. Je vais donner des exemples d'études des brouilleurs gaussien et tonal contre les récepteurs cohérent et non-cohérent.

Travaux	Modèle brouillage	Récepteur UWB
L. Zhao *et al.* [106], R. Tesi *et al.* [167] et T. Wang *et al.* [168, 169]	gaussien	cohérent
J.D. Choi *et al.* [170], A. Giorgetti *et al.* [171], X. Chu *et al.* [107] et E.M. Shaheen *et al.* [172]	tonal/multi-tonal	cohérent
C. Steiner *et al.* [108]	gaussien	non-cohérent
A. Rabbachin *et al.* [109, 173]	tonal/multi-tonal	non-cohérent

TABLE 4.1 – Classification des travaux existants.

Brouilleur gaussien contre récepteur cohérent [106]

L. Zhao *et al.* [106] ont analysé les performances d'un système TH-UWB en présence de brouillage. Le brouilleur est modélisé par un processus aléatoire stationnaire au sens large, gaussien, centré, passe-bande de fréquence centrale f_J et de largeur de bande W_J. Avant de présenter les résultats d'analyse, je rappelle la définition d'un processus aléatoire stationnaire au sens large.

Définition 7 *Un processus aléatoire $X(t)$ est dit stationnaire au sens large (SSL), s'il vérifie :*

1. $E[X(t)] = m_X$ indépendant de t ;

2. la fonction d'autocorrélation $R_X(t_1, t_2)$ ne dépend que du décalage $\tau = t_1 - t_2$.

La communication TH-UWB considérée emploie une forme d'impulsion rectangulaire, un monocycle gaussien ou un monocycle de Rayleigh, une modulation PPM et un récepteur cohérent. La métrique d'analyse est *le gain de traitement*. Ainsi, L. Zhao *et al.* ont établi l'expression analytique du gain de traitement pour les trois formes d'impulsion. L'expression du gain de traitement a la forme suivante :

$$PG = \frac{\alpha\beta}{\Theta(\alpha, \gamma)};$$

91

où la définition de $\Theta(\alpha,\gamma)$ peut être trouvée dans [106]. Le gain de traitement fait intervient trois paramètres importants : le facteur d'étalement du système $\beta = T_f/T_p$, le rapport entre la bande du brouilleur et la bande utile $\alpha = W_J/W$ et le nombre de cycles du brouilleur durant la durée de l'impulsion $\gamma = f_J T_p$. L. Zhao *et al.* ont comparé le pouvoir anti-brouillage du système TH-UWB par rapport au système DSSS. Ils ont montré qu'un système TH-UWB offre un avantage significatif par rapport au système DSSS pour le brouilleur gaussien large bande et bande étroite.

L'expression du gain de traitement établie fait apparaître tous les paramètres agissant sur la capacité anti-brouillage du système TH-UWB. La comparaison de cette expression à celle du système DSSS permet de discuter la capacité anti-brouillage des deux communications. Cependant, l'expression du gain de traitement est établie pour trois formes d'impulsion qui ne sont plus d'actualité car elles ne respectent pas la réglementation actuelle.

Brouilleur tonal/multi-tonal contre récepteur cohérent [107]

X. Chu *et al.* [107] ont examiné l'effet d'un brouilleur tonal et avec deux tones sur un système TH-UWB. Le modèle de communication considéré inclut deux formes d'impulsion, une modulation PPM, un canal multi-trajets *indoor* et un récepteur cohérent. L'analyse est conduite analytiquement et par simulation. La métrique considérée dans les deux cas est le rapport signal sur brouillage/bruit noté $SJNR_{out}$ à la sortie du récepteur. Je souligne que cette dernière métrique est issue du gain de traitement défini dans le paragraphe 4.2.1. Les résultats indiquent que l'effet du brouilleur tonal est maximisé lorsque la fréquence centrale du brouilleur coïncide avec la fréquence centrale du système UWB. Les résultats montrent également que la perte devient importante lorsque le rapport brouillage-sur-signal par impulsion à l'entrée est supérieur à 30 dB.

L'étude de l'effet du brouilleur tonal est réalisée avec deux formes d'impulsion qui respectent le masque réglementaire. L'étude tient compte de l'évanouissement multi-trajets du canal et du bruit thermique. Cependant, les auteurs n'ont pas discuté tous les paramètres qui affectent la robustesse du récepteur cohérent au brouillage tonal.

Brouilleur gaussien contre récepteur non-cohérent [108]

C. Steiner *et al.* [108] ont analysé la robustesse du récepteur UWB non-cohérent au brouillage gaussien. Le brouilleur est modélisé par un processus aléatoire stationnaire au sens large, centré de fréquence centrale f_J et de largeur de bande W_J. La communication UWB utilise une forme d'onde sinusoïdale tronquée et une modulation PPM. La métrique considérée dans l'analyse est la variance du terme d'interférence à la sortie du récepteur causé par le brouillage. Cette métrique est liée au gain de traitement. Les auteurs ont établi l'expression analytique de la variance du terme d'interférence pour les cas du brouilleur gaussien bande étroite et large bande. Ils ont établi également les valeurs de la durée de l'impulsion qui minimisent la variance du terme d'interférence.

L'expression de la variance fait apparaître les facteurs qui influencent la robustesse du récepteur non-cohérent au brouillage. Cependant, la forme de l'impulsion considérée n'est pas réaliste pour les systèmes UWB. De plus, l'analyse ne tient pas en considération l'effet multi-trajets du canal.

Brouilleur tonal/multi-tonal contre récepteur non-cohérent [109, 173]

A. Rabbachin *et al.* [109, 173] ont examiné les effets du brouilleur tonal/multi-tonal sur un récepteur UWB non-cohérent employant la modulation PPM. L'analyse tient compte premièrement d'un seul brouilleur tonal et deuxièmement de plusieurs brouilleurs tonaux. Ce dernier cas modélise un environnement avec un nombre important d'interféreurs. La métrique considérée dans l'analyse est la *probabilité d'erreur*. Ainsi, les auteurs ont établi les expressions analytiques de la probabilité d'erreur du récepteur non-cohérent en présence d'un brouilleur tonal et plusieurs brouilleurs tonaux. Les expressions tiennent compte de tous les paramètres du système, en particulier les évanouissements du canal UWB et celui du brouilleur. La présence du brouilleur tonal a pour effet la réduction de la durée d'intégration optimale du récepteur.

Le point fort de la méthode développée par les auteurs est sa généralité et la possibilité de son application pour des problèmes de coexistence. Mais, les expressions développées nécessitent la connaissance des fonctions caractéristiques de certaines variables aléatoires. Souvent, les lois de ces variables ne sont pas connues et dans ce cas, il faut procéder à un moyennage numérique.

4.2.4 Motivations et objectifs

Le problème de brouillage dans un système TH-UWB a été étudié dans le cas général d'interférence qui peut être intentionnelle ou non-intentionnelle. Par ailleurs, les travaux examinant la robustesse du récepteur non-cohérent au brouillage restent limités. Dans mon travail, je focalise sur l'impact de brouillage sur un récepteur UWB non-cohérent employant une modulation PPM. Un adversaire optimise ses paramètres pour maximiser l'impact de son attaque sur le système de communication. L'objectif de mon étude est de définir le brouilleur pire cas afin de quantifier la dégradation maximale sur le récepteur. Ce travail a abouti à une publication dans la conférence internationale *ICUWB 2011* [12].

On constate que les modèles du brouillage existants dans la littérature sont souvent classifiés selon la forme d'onde du brouilleur. Dans une autre partie de mes travaux (section 4.4), je considère une approche différente en proposant un nouveau modèle de brouillage plus complet. Je pense que ce modèle apporte une approche plus rationnelle au problème de brouillage. Il conduit à l'exploration de plusieurs scénarios allant du meilleur au pire cas pour la communication. Je propose une contre-mesure qui limite le problème de brouillage au meilleur cas. La contre-mesure repose sur l'utilisation du chiffrement par flot. Ce travail a été publié dans la conférence internationale *WCNC 2012* [13] et a fait l'objet d'un dépôt de brevet [14].

4.3 Brouilleur gaussien pire cas contre la radio UWB

Je considère le modèle de brouillage gaussien contre le système de communication TH-UWB. Mon objectif est de déterminer le brouilleur pire cas contre cette communication utilisant la structure de réception non-cohérente. Les paramètres du brouilleur pire cas seront discutés en fonction des paramètres du système. La métrique considérée dans l'analyse est le rapport signal-sur-brouillage à la sortie du récepteur. Cette métrique est directement liée à la métrique fondamentale du gain de traitement. Le but est d'établir une borne supérieure sur la dégradation.

4.3.1 Choix des paramètres de la radio TH-UWB

Le symbole TH-UWB est tel que décrit dans le paragraphe 1.4.3 du Chapitre 1. La modulation utilisée est la PPM dont le décalage est égal à la moitié de la durée trame : $\delta = T_f/2$. Le code de *mapping* considéré est un code à répétition. L'impulsion élémentaire est une ondelette gaussienne dont l'expression temporelle est donnée par l'équation (1.2). L'expression fréquentielle de cette ondelette gaussienne est :

$$|P(f)| = \sqrt{\sqrt{\pi}\sigma} \cdot \left(e^{-\frac{(2\pi\sigma(f-f_c))^2}{2}} + e^{-\frac{(2\pi\sigma(f+f_c))^2}{2}} \right). \tag{4.8}$$

La Figure 4.6 représente le spectre normalisé de l'impulsion ; $f_c = 4,5$ GHz. Sa largeur de bande à -10 dB est de 1 GHz.

Le signal transmis durant un temps symbole est donné par l'équation (1.6) où $\delta = T_f/2$ et $\forall j$, $C_j = b$. Le canal UWB est modélisé par le modèle du canal CM1. Il est supposé rester stationnaire durant le temps d'un symbole. La structure de réception considérée est la réception non-cohérente de durée d'intégration T.

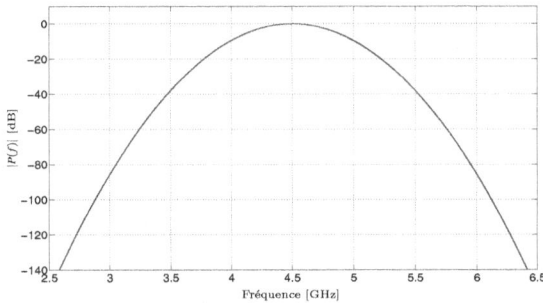

FIGURE 4.6 – Spectre de l'impulsion.

4.3.2 Modèle du brouilleur

La forme d'onde du brouilleur à l'entrée du récepteur $J(t)$ est modélisée par un processus aléatoire continu SSL, gaussien, centré et passe-bande. La fréquence centrale du brouilleur est f_J, sa largeur de bande est W_J et sa puissance moyenne à l'entrée du récepteur est P_J. La densité spectrale de puissance $S_J(f)$ (cf. Figure 4.7) est donnée par :

$$S_J(f) = \begin{cases} \frac{P_J}{2W_J}, & |f - f_J| \leq W_J/2, \\ 0, & \text{sinon.} \end{cases} \tag{4.9}$$

Le spectre du brouilleur est contenu dans le spectre du signal utile. La fonction d'autocorrélation $R_J(\tau)$ est donnée par la transformée de Fourier inverse de $S_J(f)$:

$$R_J(\tau) = E\{J(t)J(t+\tau)\} = P_J \operatorname{sinc}(W_J\tau)\cos(2\pi f_J\tau). \tag{4.10}$$

La fonction $\operatorname{sinc}()$ est définie par :

$$\operatorname{sinc}(x) = \frac{\sin \pi x}{\pi x}.$$

Cette fonction prend sa valeur maximale au point $x = 0$ et s'annule aux points $x = k \in \mathbb{Z}$.

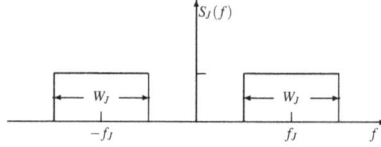

FIGURE 4.7 – Densité spectrale de puissance du brouilleur.

4.3.3   Positionnement du problème

Pour déterminer le brouilleur pire cas, je vais utiliser la métrique rapport signal-sur-brouillage à la sortie du récepteur SJR_{out}. En effet, le brouilleur a intérêt à fixer ses paramètres f_J et W_J de manière à minimiser SJR_{out}. Pour commencer, je vais calculer le terme SJR_{out} pour définir quelle sera la stratégie d'optimisation de brouillage. Dans le calcul, je suppose que la puissance du bruit thermique est faible devant celle du brouilleur et donc elle peut être négligée.

Le signal reçu $r(t)$ à l'entrée du récepteur peut être exprimé par :

$$r(t) = s * h^0(t) + J(t); \tag{4.11}$$

où $h^0(t)$ est la réponse impulsionnelle du canal. Le démodulateur PPM calcule la variable de décision D :

$$D = \sum_{j=0}^{N_f-1} \left(\int_0^T r^2(t + jT_f + S_jT_c)\,dt - \int_0^T r^2(t + jT_f + S_jT_c + T_f/2)\,dt \right). \tag{4.12}$$

En remplaçant $r(t)$ par son expression de l'équation (4.11), D peut être écrite sous la forme :

$$D = S + I. \tag{4.13}$$

S désigne la partie utile et I désigne le terme d'interférence causé par le brouillage. L'expression de S est donnée par :

$$S = (1 - 2b)\mu(T)E_s; \tag{4.14}$$

où $E_s = N_f \times E_p$ est l'énergie symbole et $\mu(T) = \int_0^T |\hat{p}(t)|^2 dt$ est la fraction de l'énergie

96

collectée par l'intégrateur de l'impulsion reçue $\hat{p}(t) = p * h^0(t)$. Le terme d'interférence I fait intervenir la somme des trois termes $I_{1,j}$, $I_{2,j}$ et $I_{3,j}$:

$$I = \sum_{j=0}^{N_f-1} \left(I_{1,j} + I_{2,j} + I_{3,j} \right);$$

$$I_{1,j} = 2(1-2b)\sqrt{E_p} \int_0^T \hat{p}(t) \cdot J(t + jT_f + S_jT_c + bT_f/2)\, dt;$$

$$I_{2,j} = \int_0^T J^2(t + jT_f + S_jT_c)\, dt;$$

$$I_{3,j} = -\int_0^T J^2(t + jT_f + S_jT_c + T_f/2)\, dt.$$

Le premier terme $I_{1,j}$ traduit le produit croisé entre l'impulsion reçue et la forme d'onde du brouilleur. Les deux termes $I_{2,j}$ et $I_{3,j}$ traduisent l'énergie du brouilleur dans les deux positions de la PPM.

Le rapport signal-sur-brouillage à la sortie du récepteur SJR_{out} est alors donné par :

$$SJR_{out} = \frac{(\mu(T)E_s)^2}{Var\{I\}}. \tag{4.15}$$

Le numérateur de l'équation (4.15) ne dépend pas des paramètres du brouilleur. La stratégie d'optimisation revient alors à chercher les valeurs de f_J et W_J maximisant la $Var\{I\}$.

4.3.4 Calcul de la variance du terme d'interférence

Je vais calculer la variance du terme d'interférence $Var\{I\}$ conditionnée par la réponse impulsionnelle du canal $h^0(t)$. Dans le développement du calcul, j'utiliserai les lemmes qui vont suivre.

Lemme 1 *Soient X_1 et X_2 deux variables aléatoires gaussiennes, centrées et de même variance. Alors :* $E\{X_1 \cdot X_2^2\} = 0$.

Preuve 1 *Les moments d'ordre p d'une variable aléatoire X gaussienne, centrée et de variance σ^2 : $E\{X^p\}$ sont donnés par [174] :*

$$E\{X^p\} = \begin{cases} 0, & \text{si } p \text{ est impair}; \\ p!!\sigma^p, & \text{si } p \text{ est pair}. \end{cases}$$

La notation !! désigne le produit de tous les entiers impairs et inférieurs à p. Je calcule maintenant $E\{(X_1 + X_2)^3\}$:

$$
\begin{aligned}
E\{(X_1+X_2)^3\} &= E\{X_1^3 + X_2^3 + 3X_1 \cdot X_2^2 + 3X_1^2 \cdot X_2\} \\
&= 3\left(E\{X_1 \cdot X_2^2\} + E\{X_1^2 \cdot X_2\}\right) = 6E\{X_1 \cdot X_2^2\}.
\end{aligned}
$$

J'ai utilisé le fait que le moment d'ordre 3 est nul et $E\{X_1 \cdot X_2^2\} = E\{X_1^2 \cdot X_2\}$ puisque X_1 et X_2 sont identiquement distribuées. Je pose $X = X_1 + X_2$; X est aussi une variable aléatoire gaussienne et centrée. D'où $E\{X^3\} = E\{(X_1 + X_2)^3\} = 0$ ce qui prouve le résultat $E\{X_1 \cdot X_2^2\} = 0$.

Lemme 2 *Soit $X(t)$ un processus aléatoire gaussien, SSL et centré dont la fonction d'autocorrélation est $R_X(\tau)$. Alors : $E\{X^2(t_1) \cdot X^2(t_2)\} = R_X^2(0) + 2R_X^2(t_1 - t_2)$.*

Preuve 2 *La preuve de ce lemme peut être trouvée dans [175]. Le principe repose sur la caractérisation du carré d'un processus aléatoire gaussien à bande étroite.*

Lemme 3 *Soit f une fonction continue sur $\mathbb{R}$ et $a,b \in \mathbb{R}$. Alors :*

$$
\int_0^a \int_0^a f(x-y-b)\,dx\,dy = \int_{-a}^a (a-|u|)f(u-b)\,du.
$$

Preuve 3 *La formule de l'intégration par changement de variables est :*

$$
\int\int_\Omega f(x,y)\,dx\,dy = \int\int_{\varphi^{-1}(\Omega)} f \circ \varphi(u,v)\,|det\,J_\varphi(u,v)|\,du\,dv.
$$

J_φ *dénote la matrice Jacobienne de φ et det dénote son déterminant.*

Dans mon cas, $f(x,y) = x-y-b$ et $\Omega = [0,a] \times [0,a]$. Je considère l'isomorphisme $\varphi(u,v) = (u+v,v)$. J'ai besoin de caractériser l'ensemble $\varphi^{-1}([0,a] \times [0,a])$. Un calcul facile montre que cet ensemble est le parallélogramme suivant :

$$
\{(u,v),\ -a \le u \le 0\ et\ -u \le v \le a\} \quad \cup \quad \{(u,v),\ 0 \le u \le a\ et\ 0 \le v \le a-u\}.
$$

Par conséquent, j'obtiens :

$$
\begin{aligned}
\int_0^a \int_0^a f(x-y-b)\,dx\,dy &= \int_{-a}^0 f(u-b)\Big(\int_{-u}^a dv\Big)\,du + \int_0^a f(u-b)\Big(\int_0^{a-u} dv\Big)\,du \\
&= \int_{-a}^0 (a+u)f(u-b)\,du + \int_0^a (a-u)f(u-b)\,du \\
&= \int_{-a}^a (a-|u|)f(u-b)\,du.
\end{aligned}
$$

Corollaire 1 *Soit f une fonction continue et paire sur $\mathbb{R}$, $a \in \mathbb{R}$. Alors :*

$$\int_0^a \int_0^a f(x-y)\,dx\,dy = 2\int_0^a (a-u)f(u)\,du.$$

Preuve 4 *D'après le lemme 3, $\int_0^a \int_0^a f(x-y)dxdy = \int_{-a}^a (a-|u|)f(u)du$. Comme la fonction $u \to (a-|u|)f(u)$ est paire, alors : $\int_{-a}^a (a-|u|)f(u)du = 2\int_0^a (a-u)f(u)du$.*

Maintenant, je commence le calcul de $Var\{I\}$. L'espérance du terme I est nulle, donc la variance se réduit à :

$$Var\{\sum_{j=0}^{N_f-1} I_{1,j}+I_{2,j}+I_{3,j}\} = E\{\big(\sum_{j=0}^{N_f-1} I_{1,j}+I_{2,j}+I_{3,j}\big)^2\}$$

$$= \sum_{j=0}^{N_f-1} E\{\big(I_{1,j}+I_{2,j}+I_{3,j}\big)^2\}$$

$$+ \sum_{j,k=0;\,j\neq k}^{N_f-1} E\{\big(I_{1,j}+I_{2,j}+I_{3,j}\big)\cdot\big(I_{1,k}+I_{2,k}+I_{3,k}\big)\}.$$

$$(4.16)$$

J'évalue l'espérance de chaque terme. D'abord,

$$E\{I_{1,j}^2\} = 4E_p \int_0^T \int_0^T \hat{p}(t_1)R_J(t_1-t_2)\hat{p}(t_2)\,dt_1\,dt_2.$$

Dans ce calcul, j'ai utilisé la définition de la fonction d'autocorrélation. Ensuite,

$$E\{I_{2,j}^2\} = E\{I_{3,j}^2\} = (TP_J)^2 + 2\int_0^T \int_0^T R_J^2(t_1-t_2)\,dt_1\,dt_2;$$

$$E\{I_{2,j}\cdot I_{3,j}\} = -(TP_J)^2 - 2\int_0^T \int_0^T R_J^2(t_1-t_2-T_f/2)\,dt_1\,dt_2.$$

Pour aboutir à ce résultat, j'ai appliqué le Lemme 2 à $J(t)$. De plus :

$$E\{I_{1,j}\cdot I_{2,j}\} = 0 \quad \text{et} \quad E\{I_{1,j}\cdot I_{3,j}\} = 0.$$

J'ai utilisé dans ce calcul le Lemme 1 appliqué à $J(t_1)$ et $J^2(t_2)$. J'évalue maintenant tous les termes croisés :

$$E\{I_{1,j} \cdot I_{1,k}\} = 4E_p \int_0^T \int_0^T \hat{p}(t_1) R_J(t_1 - t_2 + [j-k]T_f + [S_j - S_k]T_c) \hat{p}(t_2) \, dt_1 \, dt_2;$$

$$E\{I_{2,j} \cdot I_{2,k}\} = E\{I_{3,j} \cdot I_{3,k}\} = (TP_J)^2 + 2\int_0^T \int_0^T R_J^2(t_1 - t_2 + [j-k]T_f + [S_j - S_k]T_c) \, dt_1 \, dt_2;$$

$$E\{I_{2,j} \cdot I_{3,k}\} = -(TP_J)^2 - 2\int_0^T \int_0^T R_J^2(t_1 - t_2 + [j-k]T_f + [S_j - S_k]T_c - T_f/2) \, dt_1 \, dt_2;$$

$$E\{I_{3,j} \cdot I_{2,k}\} = -(TP_J)^2 - 2\int_0^T \int_0^T R_J^2(t_1 - t_2 + [j-k]T_f + [S_j - S_k]T_c + T_f/2) \, dt_1 \, dt_2;$$

$$E\{I_{1,j} \cdot I_{2,k}\} = E\{I_{1,j} \cdot I_{3,k}\} = E\{I_{2,j} \cdot I_{1,k}\} = E\{I_{3,j} \cdot I_{1,k}\} = 0.$$

Je pousse plus le calcul du terme $E\{I_{1,j}^2\}$ en écrivant que la fonction d'autocorrélation est la transformée de Fourier inverse de la densité spectrale de puissance :

$$E\{I_{1,j}^2\} = 4E_p \int_{\mathbb{R}} S_J(f) \int_0^T \hat{p}(t_1) e^{j2\pi f t_1} \, dt_1 \int_0^T \hat{p}(t_2) e^{-j2\pi f t_2} \, dt_2 \, df.$$

Je rappelle que le support de $\hat{p}(t)$ est $[0, T_p + \tau_{max}]$ où τ_{max} est l'étalement temporel maximal du canal ; $T \leq T_p + \tau_{max}$. On définit la fonction rectangulaire $g(t)$:

$$g(t) = \begin{cases} 1, & |t| \leq T; \\ 0, & \text{sinon.} \end{cases}$$

Ainsi :

$$\int_0^T \hat{p}(t) e^{-j2\pi f t} \, dt = \int_{\mathbb{R}} \hat{p}(t) g(t) e^{-j2\pi f t} \, dt$$
$$= TF\{\hat{p}(t) \cdot g(t)\} = \hat{P}(f) * G(f) = \hat{P}(f) * T \, \text{sinc}(fT).$$

J'ai utilisé que la transformée de Fourier $TF\{\cdot\}$ transforme le produit en une convolution. Une durée d'intégration pratique pour les récepteurs UWB est $T = 30$ ns. Le premier zéro de la fonction $\text{sinc}()$ est placé autour de la fréquence $1/T \cong 0{,}033$ GHz. Le $\text{sinc}()$ dans la convolution peut être approximé à un dirac en le comparant à la grande largeur de bande du signal UWB : $\hat{P}(f) * G(f) \approx \hat{P}(f)$. L'expression de $E\{I_{1,j}^2\}$ peut être simplifiée par :

$$E\{I_{1,j}^2\} \cong 4E_p \int_{\mathbb{R}} |\hat{P}(f)|^2 \cdot S_J(f) \, df.$$

De plus, les termes qui apparaissent dans la double intégration du carré de l'autocorrélation du brouilleur peuvent être simplifiés en une intégration simple en utilisant le Lemme 3. Tous les termes intervenant dans l'expression totale de la variance de l'équation (4.16) sont ainsi définis sachant que $R_J(\tau)$ et $S_J(f)$ sont donnés respectivement par (4.10) et (4.9).

Dans ce qui suit, je donne des approximations simplificatrices de l'expression de la variance sous certaines conditions.

Brouilleur à bande partielle où $W_J \cdot T_f \gg 1$

Si le brouilleur à bande partielle satisfait la condition $W_J \cdot T_f \gg 1$, dans ce cas la fonction d'autocorrélation $R_J(\tau)$ devient presque nulle pour $\tau \geq T_f/2$. Par suite, les termes d'espérance dans l'expression de la variance qui font apparaître l'autocorrélation centrée sur $\tau \geq T_f/2$ peuvent être négligés. La variance du terme d'interférence $Var\{I_{pb}\}$ peut alors être simplifiée par :

$$Var\{I_{pb}\} \cong 4N_f \left(E_p \int_{\mathbb{R}} |\hat{P}(f)|^2 \cdot S_J(f)\,df + \int_0^T \int_0^T R_J^2(t_1 - t_2)\,dt_1\,dt_2 \right). \qquad (4.17)$$

L'intégration double du carré de l'autocorrélation peut être simplifiée en utilisant le Corollaire 1 sachant que la fonction d'autocorrélation est paire :

$$\int_0^T \int_0^T R_J^2(t_1 - t_2)\,dt_1\,dt_2 = 2\int_0^T (T - \tau)\,R_J^2(\tau)\,d\tau.$$

Les facteurs contribuant dans la variance du terme d'interférence sont l'énergie de l'impulsion reçue dans la bande du brouilleur en plus de l'énergie intégrée de l'autocorrélation du brouilleur. Je remplace $R_J(\tau)$ et $S_J(f)$ par leurs expressions respectives. La variance du terme d'interférence pour le brouilleur à bande partielle peut être exprimée finalement par :

$$Var\{I_{pb}\} \cong 4N_f E_p P_J \cdot \Phi;$$

$$\Phi \cong \Phi_1 + \Phi_2;$$

$$\Phi_1 \cong \frac{1}{W_J} \int_{f_J - W_J/2}^{f_J + W_J/2} |\hat{P}(f)|^2\,df;$$

$$\Phi_2 = \frac{2}{T_f SJR_{in} W_J^2} \int_0^\alpha (\alpha - x) \cdot \text{sinc}^2 x \cdot \cos^2 \left(\frac{2\pi f_J x}{W_J} \right)\,dx.$$

Φ_1 traduit l'énergie de l'impulsion reçue dans la bande du brouilleur. Alors que Φ_2 traduit l'énergie intégrée de l'autocorrélation du brouilleur. $SJR_{in} = E_s/(T_sP_J)$ dénote le rapport signal-sur-brouillage à l'entrée du récepteur et $\alpha = W_J \cdot T$ désigne le produit entre la bande du brouilleur et la durée d'intégration.

Brouilleur à bande étroite où $W_J \cdot T_f \ll 1$

Si le brouilleur à bande étroite satisfait la condition $W_J \cdot T_f \ll 1$, dans ce cas la durée de corrélation du brouilleur est très largement supérieure à T_f. La fonction d'autocorrélation varie peu dans l'intervalle $[0;N_fT_f]$. Je peux supposer que l'auto-corrélation est constante dans cet intervalle; $R_J(\tau) = R_J(\tau + a)\,\forall a \in [0;N_fT_f]$. Sous cette hypothèse, j'évalue tous les termes qui apparaissent dans l'expression de la variance :

$$E\{I_{1,j}^2\} \cong 4E_pP_J|\hat{P}(f_J)|^2;$$

$$E\{I_{2,j}^2\} + E\{I_{3,j}^2\} + 2E\{I_{2,j} \cdot I_{3,j}\} = 0;$$

$$E\{I_{1,j} \cdot I_{1,k}\} \cong 4E_pP_J|\hat{P}(f_J)|^2;$$

$$E\{I_{2,j} \cdot I_{2,k}\} + E\{I_{3,j} \cdot I_{3,k}\} + E\{I_{2,j} \cdot I_{3,k}\} + E\{I_{3,j} \cdot I_{2,k}\} = 0.$$

La variance du brouilleur à bande étroite $Var\{I_{nb}\}$ s'exprime alors par :

$$Var\{I_{nb}\} \cong 4N_f^2E_pP_J|\hat{P}(f_J)|^2. \tag{4.18}$$

L'énergie intégrée de l'autocorrélation du brouilleur à bande étroite ne contribue pas dans l'expression globale de la variance. Grâce à l'opération de soustraction du démodulateur PPM, l'énergie du brouilleur dans les deux positions de la PPM se compensent mutuellement. Le facteur majeur contribuant dans l'expression de la variance est la densité spectrale de puissance de l'impulsion reçue à la fréquence centrale du brouilleur.

4.3.5 Résultats d'analyse

Dans ce paragraphe, j'analyse les paramètres du brouilleur W_J et f_J pire cas maximisant la variance du terme d'interférence. Les paramètres de l'émetteur considérés tout au long de l'analyse sont : $W = 1$ GHz, $f_c = 4,5$ GHz, $T_f = 120$ ns et $N_f = 4$. En outre, le rapport signal-sur-brouillage à l'entrée du récepteur est fixé à $SJR_{in} = -10$ dB. Pour déterminer les paramètres du brouilleur pire cas maximisant la variance, je dois écrire les dérivées partielles de la variance par rapport à W_J et f_J. Cependant, les dérivées partielles n'ont pas une forme clause. Ainsi, j'optimise les paramètres du brouilleur d'une manière numérique en évaluant la variance exprimée par l'équation (4.16). La séquence de saut $\{S_j\}$ est supposée suivre une variable aléatoire uniforme sur l'intervalle $\{0, 1, \ldots, N_c - 1\}$; l'évaluation de la variance est réalisée en moyennant sur la séquence $\{S_j\}$. Je détermine d'abord les paramètres du brouilleur pour le canal parfait. Ensuite, j'étudie comment ces paramètres changent pour le canal multi-trajets.

Canal parfait

Dans ce cas, l'impulsion rçue est $\hat{p}(t) = p(t)$. De plus, la durée d'intégration est fixe et elle est égale à la durée de l'impulsion.

Optimisation W_J - Je représente dans la Figure 4.8 la variation de la variance en fonction de W_J pour $f_J = f_c = 4,5$ GHz. Je représente sur la même Figure l'approximation de la variance du brouilleur à bande partielle donnée par l'équation (4.18) et celle du brouilleur à bande étroite donnée par l'équation (4.18). La variation de la variance montre trois régimes : les cas $W_J \cdot T_f << 1$, $W_J \cdot T_f \approx 1$ et $W_J \cdot T_f >> 1$. Pour le régime $W_J \cdot T_f << 1$, la fonction d'autocorrélation du brouilleur varie peu dans l'intervalle $[0; N_f T_f]$. La variance converge vers la valeur constante prévue par l'approximation de la variance du brouilleur à bande étroite. Dans le régime $W_J \cdot T_f \approx 1$, la fonction d'autocorrélation subit des variations importantes dans l'intervalle $[0; N_f T_f]$ ce qui explique les oscillations qui apparaissent dans la variance avec ce régime. Finalement, la fonction d'autocorrélation décroît rapidement avec le régime $W_J \cdot T_f >> 1$. La variance se trouve dominée par l'autocorrélation centrée sur 0. La variance du brouilleur à bande partielle est une bonne approximation de la variance totale à partir de $W_J \geq 150$ MHz. Par ailleurs, la variance est maximale lorsque $W_J \to 0$. Je conclus que le brouilleur pire cas est une onde porteuse pure.

Optimisation f_J - La Figure 4.9 montre la variation de la variance en fonction de f_J ; W_J étant fixée à la valeur optimale $W_J = 0$. Je remarque que la variation de la variance présente une symétrie par rapport à l'axe $x = 4,5$. La courbe fait apparaître plusieurs maxima locaux. Cependant, le maximum absolu est obtenu pour $f_J = 4,5$ GHz. Ainsi, la fréquence centrale pire cas du brouilleur correspond à la fréquence centrale f_c du système UWB.

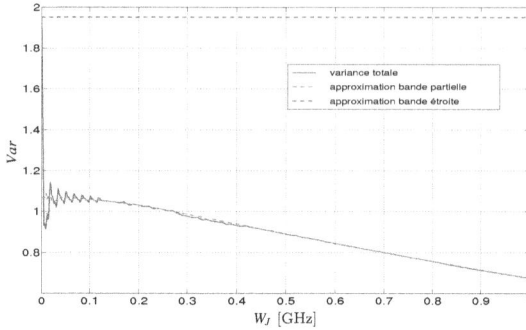

FIGURE 4.8 – Variation de la variance en fonction de W_J pour le canal parfait, $f_J = 4,5$ GHz.

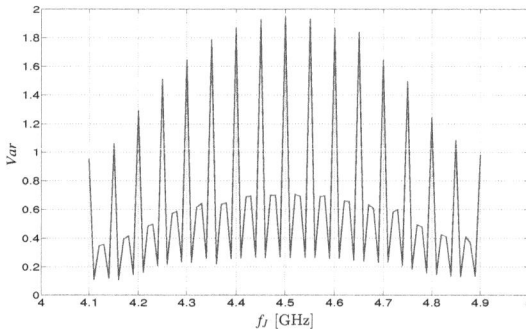

FIGURE 4.9 – Variation de la variance en fonction de f_J pour le canal parfait, $W_J = 0$ GHz.

Canal multi-trajets

L'impulsion reçue est maintenant $\hat{p}(t) = p * h^0(t)$. De plus, la durée d'intégration n'est plus nécessairement égale à la durée de l'impulsion.

Optimisation W_J - La Figure 4.10 montre la variation de la variance en fonction de W_J pour trois durées d'intégration différentes : $T = 2$ ns, $T = 10$ ns et $T = 30$ ns et pour $f_J = 4,5$ GHz. La variance est obtenue en tirant 500 réalisations de la réponse impulsionnelle du canal CM1 et en procédant par moyennage de l'équation (4.16) sur toutes les réalisations. La Figure 4.11 est un *zoom* de la partie de la courbe de la variance avec $T = 2$ ns pour W_J petit (< 7 MHz). La variance est croissante pour W_J petit et elle converge vers la valeur prévue par l'approximation du brouilleur à

104

bande étroite lorsque $W_J \to 0$. Le même résultat est constaté pour les autres durées d'intégration. Ainsi, la variance a une allure croissante avant d'atteindre une valeur maximale et devenir décroissante. La valeur maximale est atteinte pour les trois durées d'intégration lorsque $W_J \approx 17$ MHz. Cette valeur pire cas correspond à l'inverse de l'espacement temporel de la PPM : $2/T_f$. je constate également d'après la Figure 4.10 une croissance importante de la variance en fonction de la durée d'intégration.

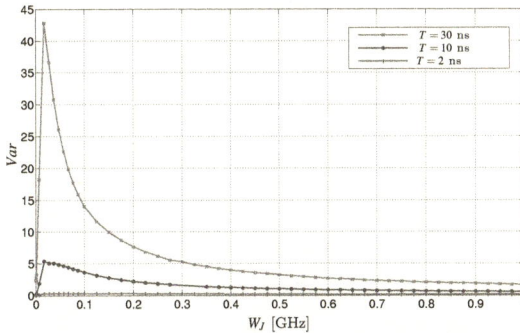

FIGURE 4.10 – Variation de la variance en fonction de W_J pour le canal multi-trajets, $f_J = 4,5$ GHz.

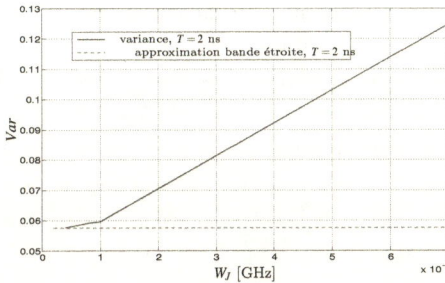

FIGURE 4.11 – *Zoom* sur la variance pour W_J petit, $T = 2$ ns et $f_J = 4,5$ GHz.

Optimisation f_J - La Figure 4.12 représente la variation de la variance en fonction de f_J pour trois durées d'intégration différentes : $T = 2$ ns, $T = 10$ ns et $T = 30$ ns. La variance est obtenue comme précédemment en moyennant sur 500 réalisations de la réponse impulsionnelle du canal CM1. La largeur de bande du brouilleur est fixée à la valeur pire cas $W_J = 2/T_f$. Le domaine de recherche de la fréquence centrale pire cas est l'intervalle $[4,1;4,9]$ GHz avec un pas de 100 MHz. La Figure montre que la fréquence centrale pire cas n'est pas égale à la valeur intuitive f_c. En effet, elle dépend considérablement de la durée d'intégration et prend plusieurs valeurs selon T. Il n'existe pas une relation analytique qui relie cette fréquence pire cas à T mais elle peut être déterminée numériquement. De ce fait, le brouilleur a besoin de connaître la durée d'intégration du récepteur pour fixer sa fréquence centrale pire cas. Si cette information n'est pas disponible, une solution possible consiste à fixer la fréquence centrale f_J à une valeur intermédiaire $f_J = f_c = 4,5$ GHz.

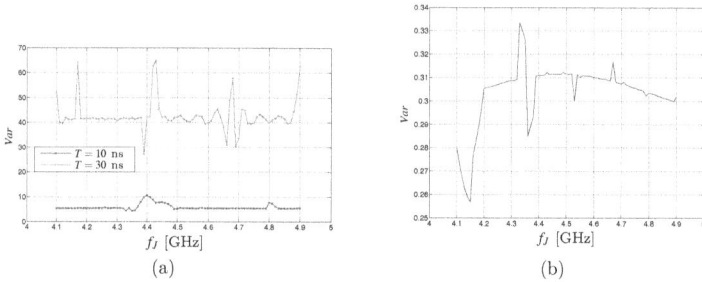

FIGURE 4.12 – Variation de la variance en fonction de f_J (a) $T = 10$ ns et $T = 30$ ns (b) $T = 2$ ns ; $W_J = 2/T_f$.

Les résultats d'analyse montrent que le brouilleur pire cas pour le canal parfait est l'onde porteuse pure centrée sur la fréquence centrale f_c du système UWB. Pour le canal multi-trajets et pour une fréquence centrale du brouilleur $f_J = f_c$, la largeur de bande pire cas est liée à l'espacement temporel de la PPM. Par contre, il n'existe pas une relation analytique donnant la fréquence centrale pire cas du brouilleur. Celle-ci peut être recherchée numériquement et elle dépend de la durée d'intégration du récepteur. Je signale que toute l'analyse a été réalisée avec un rapport signal-sur-brouillage à l'entrée égal à -10 dB.

4.4 Vers un modèle de brouillage plus complet et contre-mesure

Les modèles de brouillage classiques sont généralement classifiés selon la forme d'onde du brouilleur comme cela a été présenté dans le paragraphe 4.2.2. Je considère une autre approche en proposant un nouveau modèle de brouillage par analogie avec

106

les attaques contre les algorithmes de chiffrement et le problème de reconstruction d'un système de communication. je pense que ce nouveau modèle fournit une approche plus solide au problème de brouillage. Je propose également une modification de la radio TH-UWB plus robuste au brouillage.

4.4.1 Nouveau modèle de brouillage

D'abord, je rappelle les modèles d'attaque contre les algorithmes de chiffrement et le problème de reconstruction d'un système de communication. Ensuite, je reviens au problème de brouillage. Mon modèle aboutit à l'exploration de différents scénarios de brouillage.

Le principe de chiffrement est introduit dans le paragraphe 2.3.1 du Chapitre 2. Je rappelle le modèle d'une communication confidentielle dans la Figure 4.13. La cryptanalyse des algorithmes de chiffrement est maintenant bien formalisée en cryptologie [55]. Le but de l'adversaire (Eve) est de retrouver le message en clair ou la clé secrète K. Les attaques contre les algorithmes de chiffrement sont classifiées en fonction des données dont dispose Eve :

– Attaque à texte chiffré seul : Eve ne connaît qu'un ensemble des textes chiffrés.
– Attaque à texte en clair/chiffré connus : Eve connaît non seulement les textes chiffrés, mais aussi les textes en clair correspondants.
– Attaque à texte en clair choisi/chiffré connu : Eve peut choisir des textes en clair à chiffrer et donc utiliser des textes apportant plus d'informations sur la clé.
– Attaque à texte chiffré choisi : Eve peut choisir des textes chiffrés pour lesquels il connaîtra le texte en clair correspondant.

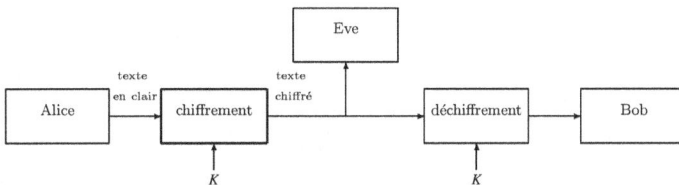

FIGURE 4.13 – Modèle d'une communication chiffrée.

Une analyse similaire est employée avec le problème de reconstruction d'un système de communication. En effet, une chaîne de communication est composée de plusieurs blocs comme le brasseur, le code correcteur d'erreurs, etc. Pour décoder l'information, l'adversaire a besoin de connaître les spécifications des différents blocs même si l'information n'est pas chiffrée. Si l'adversaire ne connaît pas ces spécifications, il a besoin d'effectuer une reconstruction. La tâche est complexe car il peut exister une large variété des choix des paramètres des différents blocs de la chaîne de transmission. Ainsi, le problème de reconstruction vise à récupérer les spécifications de la chaîne à partir de la sortie interceptée. L'analyse est réalisée selon différentes hypothèses sur l'entrée de la chaîne [176, 177] :

– entrée inconnue ;
– entrée connue.

Par analogie (*cf.* Figure 4.14), un émetteur d'une communication anti-brouillage peut être vu comme une boîte noire. Cette boîte a pour entrée le symbole d'information, la séquence d'étalement et comme sortie le signal étalé. L'analogie de la communication anti-brouillage avec le chiffrement et le problème de reconstruction conduit à distinguer quatre scénarios du problème de brouillage :

– séquence d'étalement inconnue / symbole inconnu (S_1) ;
– séquence d'étalement inconnue / symbole connu (S_2) ;
– séquence d'étalement connue / symbole inconnu (S_3) ;
– séquence d'étalement connue / symbole connu (S_4).

L'analogie semble appropriée même si elle a quelques limitations : les attaques à texte en clair et texte chiffré choisis n'ont pas d'applications en brouillage. Les cas des scénarios S_3 et S_4 correspondent aux situations les plus communes des standards de communication.

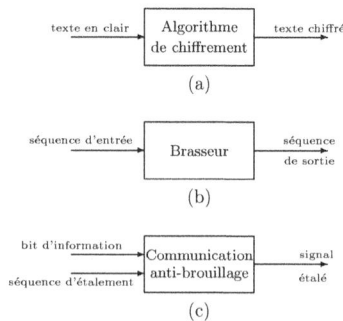

FIGURE 4.14 – Analogie entre (a) chiffrement, (b) reconstruction (cas d'un brasseur) et (c) communication anti-brouillage.

Par rapport aux modèles de brouillage existants (voir paragraphe 4.2.2), mon nouveau modèle apporte un niveau d'abstraction. Il traite le problème de brouillage comme une boîte à entrées/sorties sans s'occuper de l'état interne de la boîte. Il permet de prendre en compte les connaissances de l'adversaire dans la stratégie de brouillage. Mon modèle est général et peut être appliqué à toute communication anti-brouillage. Je considère dans ce travail l'application à la radio TH-UWB.

4.4.2 Choix des paramètres de la radio TH-UWB

Je considère une couche physique TH-UWB conforme au standard IEEE 802.15.4a décrit dans la section 1.7 du Chapitre 1. Pour une durée symbole, le signal transmis $s(t)$ peut être exprimé par :

$$s(t) = \sum_{j=0}^{N_{cpb}-1} \sqrt{\frac{E_s}{N_{cpb}}} \cdot a_j \cdot p\big(t - jT_c - bT_{PPM} - ST_{burst}\big). \tag{4.19}$$

$a_j \in \{-1, 1\}$ est la séquence qui vient multiplier les impulsions d'un même burst et E_s est l'énergie symbole. Pour la réception, je considère la structure de réception non-cohérente. La prise de décision sur le symbole d'information b se fait sur le signe de la variable de décision D calculée par :

$$D = \int_0^T r^2\big(t + ST_{burst}\big)\, dt - \int_0^T r^2\big(t + ST_{burst} + T_{PPM}\big)\, dt. \tag{4.20}$$

4.4.3 Capacités de l'adversaire

L'objectif de l'adversaire est d'induire en erreur le récepteur légitime ou autrement dit maximiser la probabilité d'erreur. J'introduis un modèle de l'adversaire en énonçant des hypothèses concernant ses capacités.

Hypothèse 1 *L'adversaire émet des bursts parasites de même nature que le burst utile.*

Cette hypothèse signifie que l'adversaire utilise la même architecture d'émission que l'émetteur légitime, en particulier le même générateur d'impulsions. Je signale que cette forme d'onde du brouilleur n'a pas été bien étudiée dans les systèmes TH-UWB. Elle a été cependant proposée en [122] pour attaquer un système de localisation basé sur l'UWB.

Hypothèse 2 *La puissance rayonnée par l'adversaire est finie.*

Cette hypothèse est proche du contexte réel. L'analyse des communications anti-brouillage suppose toujours un modèle de l'adversaire à énergie finie. C'est le coût énergétique de l'attaque qui qualifie la qualité de la communication anti-brouillage. L'énergie par symbole de l'adversaire est notée N_J.

Hypothèse 3 *L'adversaire a une connaissance complète du format du symbole TH-UWB.*

En particulier, l'adversaire connaît la durée T_c, le nombre d'impulsions par symbole N_{cpb} et la durée symbole T_{symb}. Dans le standard IEEE 802.15.4a, la durée T_c est connue et elle est fixée à la valeur 2 ns. Le standard définit deux modes d'opération obligatoires et dix modes optionnels pour des débits normalisés. Si l'adversaire connaît le mode d'opération de la communication, alors il a systématiquement les valeurs de N_{cpb} et T_{symb}.

Hypothèse 4 *L'adversaire est synchronisé temporellement avec la communication entre l'émetteur et le récepteur.*

Cette hypothèse veut dire que l'adversaire connaît les frontières d'un symbole côté réception. La réalisation de cette hypothèse dépend de la position de l'adversaire par rapport à l'émetteur et le récepteur (position favorable à mi-distance entre les deux). C'est une hypothèse forte mais elle permet d'obtenir une borne supérieure sur la capacité de l'adversaire.

4.4.4 Analyse de la radio TH-UWB avec le nouveau modèle de brouillage

La métrique que je considère dans l'analyse est la *probabilité d'erreur* introduite dans le paragraphe 4.2.1. Je calcule la probabilité d'erreur symbole pour les différents scénarios de brouillage. Pour focaliser sur l'impact de brouillage, j'adopte un modèle de la communication TH-UWB dans des conditions idéales (canal parfait). A la réception, une collision entre le burst légitime et le burst de l'adversaire peut se produire. Dans ce cas, les deux bursts s'interfèrent avec une différence de phase aléatoire ϕ modélisée par une variable aléatoire uniformément distribuée sur l'intervalle $[0, 2\pi[$.

Scénario S_1

Avec ce scénario, la séquence de saut et les symboles d'information sont inconnus à l'adversaire. Ce dernier fait le choix de brouiller la première ou bien la deuxième partie du symbole TH-UWB. Pour chaque symbole, l'adversaire répartit sa puissance totale sur x bursts, $x \in \{1, \cdots, N_{hop}\}$. Les bursts sont transmis dans x différents *slots*.

Chaque burst peut occuper la première ou bien la deuxième moitié du symbole avec une probabilité $1/2$. Sans perte de généralité, je suppose que le symbole d'information est $b = 0$ pour tous les scénarios. Pour réussir son attaque, l'adversaire doit émettre un burst dans le bon *slot* et dans la deuxième moitié du symbole. Si l'adversaire émet un burst dans le bon *slot* et dans la première moitié du symbole, il n'y aura pas d'erreurs en absence du bruit indépendamment de la phase ϕ. La probabilité d'erreur symbole P_1 de ce scénario peut être exprimée par :

$$P_1 = \frac{x}{2N_{hop}} \quad \text{si } N_J > xE_s; \quad P_1 = 0 \text{ sinon.} \tag{4.21}$$

Scénario S_2

Avec le scénario S_2, l'adversaire connaît les symboles d'information. La séquence de saut reste inconnue. Cette situation peut être justifiée en pratique lorsque l'adversaire connaît le message à transmettre et son but est d'empêcher la communication de ce message. L'hypothèse tient aussi pour les champs de signalisation bien définis comme le préambule et les en-têtes de synchronisation.

L'adversaire émet x bursts avec la même puissance dans x *slots* différents, tous les bursts étant positionnés dans la deuxième moitié du symbole. Dans ce cas, la probabilité d'erreur symbole P_2 est donnée par :

$$P_2 = \frac{x}{N_{hop}} \quad \text{si } N_J > xE_s; \quad P_2 = 0 \text{ sinon.} \tag{4.22}$$

Scénarios S_3 et S_4

Avec le scénario S_3, la séquence de saut est supposée être connue par l'adversaire. Je justifie cette hypothèse par deux exemples illustratifs.

Exemple 1 *La séquence de saut peut être publique.*

Dans le standard IEEE 802.15.4a, la séquence de saut est générée à partir d'un LFSR dont le polynôme caractéristique est : $1 + X^{14} + X^{15}$. L'état initial du LFSR est constitué à partir d'un code appartenant à un alphabet public de huit codes. Donc, l'adversaire connaît à l'avance les huit séquences de saut existantes. Il est capable de découvrir la séquence utilisée en écoutant en continu les sept premiers symboles TH-UWB.

Exemple 2 *La séquence de saut a une complexité linéaire L faible.*

Pour une séquence périodique sur un corps fini $\mathbb{F}$, la complexité linéaire L est définie par le degré du polynôme minimal générant la séquence [178]. En absence de bruit, l'algorithme de Berlekamp-Massey permet de produire toute la séquence à partir de $2L$ éléments consécutifs de la séquence avec une complexité algorithmique de $O(L^2)$ [179]. L'adversaire peut utiliser cet algorithme pour découvrir la séquence de saut utilisée à partir d'une portion de la séquence. Avec le générateur de la séquence de saut utilisé dans le standard IEEE 802.15.4a, on a $L = 15$. Donc, l'adversaire est capable de calculer toute la séquence à partir de $2 \times L = 30$ éléments consécutifs. Il peut obtenir ces éléments en écoutant en continu 30 symboles TH-UWB ce qui correspond à une durée approximative de 31 μs.

L'adversaire émet dans ce cas toute sa puissance en un seul burst émis dans le bon *slot*. Le burst peut être positionné dans la première ou la deuxième moitié du symbole choisi aléatoirement. La probabilité d'erreur symbole P_3 est :

$$P_3 = \frac{1}{2} \quad \text{si } N_J > E_s; \quad P_3 = 0 \text{ sinon.} \tag{4.23}$$

Avec le scénario S_4, l'adversaire connaît les symboles d'information et la séquence de saut. Il émet un seul burst par symbole positionné dans le bon *slot* et dans la deuxième moitié du symbole. La probabilité d'erreur symbole P_4 est :

$$P_4 = 1 \quad \text{si } N_J > E_s; \quad P_4 = 0 \text{ sinon.} \tag{4.24}$$

L'adversaire est capable d'atteindre une probabilité d'erreur maximale avec une puissance juste supérieure à la puissance reçue de l'émetteur légitime. Avec ce scénario, l'adversaire atteint un autre objectif plus fort qui consiste à l'inversion des symboles [180].

Comparaison et conclusion

Pour qualifier le succès ou non de brouillage, je considère le critère de [157] qui énonce que la probabilité d'erreur symbole doit être supérieure à 10^{-1}. Le Tableau 4.2 résume les conditions du succès des différents scénarios de brouillage. Je tire à partir de ce Tableau les conclusions suivantes. Le scénario S_2 permet un gain de 3 dB en terme du coût énergétique de l'attaque par rapport au scénario S_1. Les scénarios S_3 et S_4 permettent un gain à l'adversaire lié au nombre total de *slots* N_{hop}. Pour une valeur pratique de $N_{hop} = 32$, ce gain vaut 8,45 dB.

Les conditions des scénarios S_2, S_3 et S_4 constituent une faiblesse de la radio TH-UWB face au brouillage. Dans la suite, je m'intéresse à rendre cette radio plus robuste au brouillage. Pour se faire, je propose une contre-mesure qui a pour but de ramener tout problème de brouillage au cas du scénario S_1.

Scénario	Condition
S_1	$x > N_{hop}/5$ et $N_J > xE_s$
S_2	$x > N_{hop}/10$ et $N_J > xE_s$
S_3 et S_4	$N_J > E_s$

TABLE 4.2 – Comparaison des différents scénarios de brouillage.

4.4.5 Contre-mesure

Je propose une nouvelle radio TH-UWB qui repose sur l'utilisation du chiffrement par flot (voir paragraphe 2.3.1 du Chapitre 2). Le fonctionnement du chiffrement par flot exige une synchronisation et un partage d'une clé secrète K entre l'émetteur et le récepteur.

Principe de la nouvelle radio TH-UWB

1. *Système d'émission :* Le symbole TH-UWB est maintenant subdivisé en 2^p slots dont la durée est T_{slot} comme il est illustré dans la Figure 4.15. Le nombre total des *slots* devrait être une puissance de deux pour une facilité de mise en œuvre. Le burst de durée T_{burst} occupe un seul *slot* par symbole.

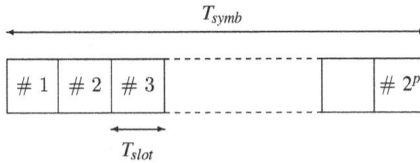

FIGURE 4.15 – Subdivision temporelle du nouveau symbole TH-UWB.

Une séquence de saut gouverne le numéro de *slot* à utiliser pour transmettre le burst. La séquence de saut est générée à partir d'un système de chiffrement par flot. En effet, les bits de la suite chiffrante sont concaténés pour former un symbole de p bits. D'autre part, une fonction de *mapping* publique de $\mathbb{F}_2$ dans $\mathbb{F}_{2^p}$ est utilisée pour faire associer le bit d'information b_n à un mot de p bits m. La séquence de saut S_n est alors générée à partir du résultat de l'opération XOR entre m et le symbole p bits formé à partir de la suite chiffrante (*cf.* Figure 4.16). La fonction de *mapping* doit être injective ; c'est-à-dire $m(0) \neq m(1)$. Cette condition est nécessaire et suffisante pour garantir deux *slots* différents pour les deux bits d'information : $S_n(0) \neq S_n(1)$. Une fonction

113

de *mapping* pour $p = 4$ peut être par exemple :

$$\begin{cases} m(0) = 0101, \\ m(1) = 1010. \end{cases}$$

Ce qui caractérise cette nouvelle radio est la génération de la séquence de saut à partir du chiffrement par flot. Maintenant, la séquence de saut dépend du bit d'information ce qui la distingue de la radio TH-UWB classique. Avec la nouvelle radio, il n'y a pas recours à une modulation directe ; le même burst est transmis pour les deux bits d'information occupant une position variable au cours du temps.

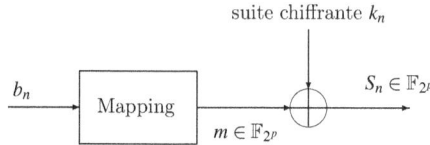

FIGURE 4.16 – Principe du nouveau émetteur TH-UWB.

2. *Système de réception :* Le récepteur connaît les mots de *mapping* $m(0)$ et $m(1)$ correspondant aux bits d'information 0 et 1 respectivement. Grâce au synchronisme, le récepteur connaît également la suite chiffrante. A partir des mots de *mapping* et la suite chiffrante, le récepteur peut prédire les deux *slots* qui peuvent contenir les bursts en calculant : $S_n(0) = k_n \oplus m(0)$ et $S_n(1) = k_n \oplus m(1)$. Une fois les deux *slots* déterminés, le récepteur utilise une structure de réception classique du type récepteur PPM non-cohérent. Autrement dit, la prise de décision est réalisée en comparant les énergies détectées dans les deux *slots* pré-déterminés.

Sécurité

Avec la nouvelle radio, la séquence de saut devient inconnue à l'adversaire. En effet, pour découvrir la séquence de saut, l'adversaire doit réussir une attaque cryptographique contre le chiffrement par flot. J'ai présenté dans le paragraphe 2.3.1 du Chapitre 2 différentes classes d'attaques contre le chiffrement par flot. Les nouvelles constructions finalistes du projet eSTREAM parues dans [66] sont robustes à ces classes d'attaques. L'utilisation d'une de ces constructions par mon radio TH-UWB rend très difficile les scénarios S_3 et S_4 pour l'adversaire.

Bien que l'adversaire connaisse le symbole d'information, il ne sera pas en mesure de prédire le *slot* contenant le burst. En effet, grâce à la propriété de la modulation cryptographique du nouveau système d'émission, le burst peut occuper n'importe quel *slot* à l'intérieur du symbole. Donc, le scénario S_2 n'est aussi plus disponible à l'adversaire.

La nouvelle radio permet alors de garantir les conditions du scénario S_1 le plus favorable. Le point fort de mon radio provient du fait qu'elle rend la robustesse au brouillage équivalente à la sécurité cryptographique du chiffrement par flot.

Lorsqu'on compare ma solution à un système de chiffrement par flot convention-nel utilisé dans les couches supérieures, ce dernier offre uniquement une protection contre l'écoute. La radio proposée permet de combiner la protection contre l'écoute et la résistance au brouillage.

Avantages

L'implémentation de la nouvelle radio exige l'ajout des fonctionnalités du chif-frement par flot à l'architecture UWB d'émission et de réception. L'utilisation du chiffrement par flot signifie implicitement la disponibilité d'une clé secrète partagée entre l'émetteur et le récepteur. Par contre, cet ajout ne demande pas une modifica-tion architecturale de la radio TH-UWB originale. En outre, le chiffrement par flot est largement rencontré lorsque les ressources sont limitées. L'implémentation de ma solution ne devrait pas être trop coûteuse.

Du point de vue performance radio, la nouvelle radio préserve exactement les mêmes performances que le système classique utilisant une structure de réception PPM non-cohérente.

4.5 Conclusion

Dans ce chapitre, j'ai traité deux aspects du problème de brouillage : l'optimisa-tion d'un modèle du brouilleur gaussien et la proposition d'un nouveau modèle de brouillage.

Dans la littérature, les systèmes TH-UWB sont étudiés dans le cas général des interférences, sans se soucier de leur nature intentionnelle ou non-intentionnelle. Dans mon travail, je me suis intéressé au problème de brouillage à vocation intentionnelle. Ma contribution, dans ce cadre, est l'optimisation des paramètres qui maximisent l'effet d'un brouilleur gaussien sur un récepteur UWB non-cohérent traitant un signal modulé en PPM. Pour la mise en œuvre du brouilleur optimal (pire cas), il est nécessaire que l'adversaire ait une connaissance des paramètres de la communication UWB-IR.

Une perspective relative à ce travail consisterait en la détermination des paramètres du brouilleur gaussien pire cas en rapport avec le récepteur OOK non-cohérent. En effet, la largeur de bande pire cas obtenue dans l'analyse est liée directement à l'espacement temporel de la PPM. Ceci suggère un résultat différent pour l'OOK lié aux caractéristiques de cette modulation. De plus, il serait intéressant d'établir les paramètres du brouilleur pire cas en considérant la métrique sur la probabilité d'erreur. Ainsi, je pourrai comparer les résultats des deux métriques.

Dans une seconde partie de ce chapitre, j'ai proposé un nouveau modèle de brouillage plus complet. Ce modèle se distingue de l'état de l'art par la prise en compte des connaissances de l'adversaire dans la stratégie de brouillage. Ainsi, plusieurs scénarios de brouillage doivent être étudiés allant du cas le plus favorable au pire cas sur les conditions de la communication. J'ai analysé la radio TH-UWB avec ce nouveau modèle sous des hypothèses fortes (canal parfait et synchronisation parfaite). En effet, le but est d'illustrer le nouveau modèle et non pas d'analyser la radio TH-UWB en présence de brouillage dans des conditions réelles. J'ai conclu de cette analyse que la radio TH-UWB devient très vulnérable au brouillage en présence des scénarios les moins favorables. De plus, j'ai proposé une contre-mesure qui restreint le problème de brouillage au scénario le plus favorable pour la communication. Cette contre-mesure repose sur l'utilisation du chiffrement par flot dans la couche physique et a l'avantage de combiner la résistance au brouillage et la protection contre l'écoute. La solution proposée illustre l'intérêt de l'utilisation des mécanismes cryptographiques dans la couche physique pour résoudre des problèmes qui d'habitude sont traités séparément (brouillage et écoute).

Le paquet du standard IEEE 802.15.4a est composé des deux parties : le préambule et les données. Le rôle principal du préambule est d'établir la synchronisation et l'estimation du canal. Il a une structure bien définie dont le contenu et le code de saut sont spécifiés par le standard. Cette structure positionne la transmission du préambule dans le scénario de brouillage pire cas. Une direction importante de recherche serait la sécurisation de la transmission du préambule contre le brouillage tout en assurant son rôle de synchronisation. Je signale que ce constat est général et il n'est pas spécifique à la radio TH-UWB.

116

CHAPITRE

5 Embedding

Sommaire

5.1 Introduction

Certains systèmes de communication ont été déployés sans fonctionnalité de sécurité ou bien avec des propriétés de sécurité insuffisantes. A titre d'exemple, certains messages d'association/dissociation entre le point d'accès et le terminal dans la première version de WiFi ne sont pas authentifiés. En outre, la sécurité du protocole WEP (*Wired Equivalent Privacy*) utilisé dans les premières versions de WiFi s'est révélée insuffisante [64] et il a été remplacé par les protocoles WPA et WPA2 (*WiFi Protected Access*). Dans ce cas, la sécurité doit être ajoutée dans une phase post-déploiement au dessus des standards de communication existants. Cet ajout doit être *compatible* avec les équipements déjà existants dans le réseau.

La sécurité est habituellement ajoutée en suivant l'approche du *multiplexage temporel*. Avec cette approche, la sécurité est ajoutée dans les couches supérieures. Il existe une série de messages consacrés à la sécurité suivis par les messages des données. Une autre approche possible pour ajouter la sécurité consiste à *l'embedding*. Il s'agit d'envoyer les informations de sécurité directement dans la couche physique et simultanément avec les données. L'origine de cette approche provient du *tatouage* (*watermarking*) [181, 182].

Le *watermarking* est une technique qui sert à protéger les droits de l'auteur du contenu numérique, ou bien encore lorsqu'on cherche à détecter d'éventuelles modifications dans le contenu. Son principe consiste à incorporer une marque sur le signal d'origine afin de conserver une trace sur le titulaire des droits [183]. La technique a été appliquée avec succès depuis les années 1990 dans le domaine de l'image et du contenu multimédia où elle a fait ses preuves. Récemment, Kleider *et al.* [184] ont proposé l'application du concept de *watermarking* dans le domaine radio fréquence. Avec cet article [184], les auteurs ont ouvert un nouvel axe de recherche sur le *watermarking* radio fréquence ou encore connu sous le nom *embedding*.

Dans ce chapitre, je propose d'ajouter la sécurité à un réseau UWB-IR existant en suivant l'approche de *l'embedding*. Je propose deux techniques *d'embedding* pour la couche physique UWB-IR (Section 5.5).

5.2   Etat de l'art

5.2.1   Travaux existants

L'article de Yu *et al.* [185] constitue un travail de référence puisqu'il offre un cadre général d'analyse au problème *d'embedding* de la sécurité dans les communications sans fil. Le service de sécurité considéré dans l'article est l'authentification. La technique *d'embedding* étudiée est basée sur la *superposition des signaux*. Les auteurs examinent trois propriétés fondamentales que le mécanisme *d'embedding* doit accomplir : la transparence (compatibilité), la robustesse et la sécurité. Ils démontrent l'existence d'un point de fonctionnement répondant à un compromis entre les trois propriétés, qui dépend du niveau *d'embedding*.

L'embedding dans la couche physique avec une contrainte de transparence a été discutée dans la littérature avec plusieurs technologies et dans plusieurs contextes d'utilisation. Le Tableau 5.1 donne une synthèse des travaux existants dans le sujet.

Plusieurs des techniques *d'embedding* proposées reposent sur l'approche de la superposition des signaux. Mais, l'implémentation de cette approche diffère selon la technologie sans fil employée. Par exemple, Kleider *et al.* [184] proposent de superposer au signal OFDM (*Orthogonal Frequency Division Multiplexing*) d'origine un signal à faible puissance étalé au moyen d'un code d'étalement gaussien. Wang *et al.* [186] présentent une technique fondée sur la superposition d'une séquence de Kasami ayant un faible niveau *d'embedding* au signal ATSC-DTV (*Advanced Television Systems Committee-Digital TV*) dans le domaine temporel. Avec le travail de Yang *et al.* [187], le signal *d'embedding* est ajouté dans le domaine fréquentiel du signal DVB-H (*Digital Video Broadcast-Handheld*). L'usage de *l'embedding* dans ces deux derniers travaux [186,187] est l'identification du canal de l'émetteur dans un réseau SFN (*Single Frequency Network*). Une autre approche est présentée par Tan *et al.* [188] avec deux méthodes différentes *d'embedding*. Dans une première méthode, le *tag* est ajouté en introduisant une modification à la phase de la constellation QPSK (*Quadrature Phase Shift Keying*). Dans une deuxième méthode, quelques bits de redondance du code correcteur d'erreurs seront utilisés pour transmettre le *tag*. Le contexte d'utilisation est l'authentification des utilisateurs primaires dans un système de radio cognitive (accès dynamique au spectre). Je reviens avec plus de détails à ce contexte d'utilisation dans ce qui suit dans cette section. Finalement, Goergen *et al.* [189–191] proposent une méthode *d'embedding* introduisant des déformations synthétiques imitant la réponse impulsionnelle du canal. Ces déformations peuvent être corrigées par les algorithmes d'égalisation du récepteur. La méthode a été appliquée pour les transmissions SISO (*Single Input Single Output*), MIMO et OFDM.

Travaux	Technique *d'embedding*	Technologie	Contexte d'utilisation
[184]	superposition des signaux	OFDM	n'est pas spécifié
[186] et [187]	superposition des signaux	ATSC DTV et DVB-H	identification de l'émetteur dans un réseau SFN
[188]	addition du *tag* à la modulation ou bien au codage	transmission mono-porteuse	authentification d'un utilisateur primaire dans la radio cognitive
[189–191]	*embedding* par réponse impulsionnelle fictive	SISO, MIMO et OFDM	authentification

TABLE 5.1 – Synthèse des travaux existants.

Dans ce qui suit, je vais détailler le principe de trois méthodes *d'embedding* des travaux suivants : [186, 188, 190].

Embedding d'un identifiant dans un système ATSC DTV [186]

Les standards ATSC sont un ensemble de standards développés par le comité ATSC pour la transmission de la télévision numérique [192]. Le mode d'opération de la télévision analogique ou bien numérique était de type MFN (*Multiple Frequency Networks*) où différents canaux fréquentiels étaient attribués pour les différents émetteurs du réseau. En 2004, le mode d'opération SFN a été considéré pour le système ATSC DTV [193]. Avec ce mode, plusieurs émetteurs utilisent le même canal fréquentiel simultanément. L'utilisation de ce mode devient inévitable à cause de l'indisponibilité des fréquences pour des nouveaux émetteurs. Cependant, le mode SFN pose un problème d'interférences entre les signaux arrivant de différents émetteurs vers le récepteur. Afin de résoudre ce problème, la pratique recommandée par le standard ATSC (RP) A/111 [194] est *l'embedding* d'un identifiant de l'émetteur au signal DTV actuel. Grâce à cet identifiant, le récepteur est capable d'estimer le profil du canal de chaque émetteur. Ainsi, il peut discerner et traiter séparément les signaux arrivant de différents émetteurs.

La technique proposée par les auteurs dans [186] pour implémenter la pratique recommandée par le standard consiste à superposer une séquence de *Kasami* au signal DTV actuel. Les séquences de Kasami sont connues par leur grand nombre et leurs bonnes propriétés de corrélation [195]. Le procédé *d'embedding* pour l'émetteur n° i du réseau SFN peut être décrit par :

$$d_i'(n) = d(n) + \alpha x_i(n).$$

Dans cette expression, $x_i(n)$ désigne la séquence de Kasami utilisée par l'émetteur n° i et α est le niveau *d'embedding*. $d(n)$ désigne le signal DTV d'origine avant *embedding* tandis que $d_i'(n)$ est le nouveau signal transmis par l'émetteur n° i après *embedding*. Le niveau *d'embedding* α est sélectionné avec précaution de telle sorte que l'impact sur la réception du signal DTV soit négligeable. L'ordre de grandeur du rapport entre la puissance de la séquence et la puissance du signal DTV est de -30 dB pour une séquence de longueur $65535 = 2^{16} - 1$. Par ailleurs, les séquences de Kasami des différents émetteurs sont orthogonales. L'identification du profil de canal de l'émetteur n° i est réalisée par le calcul de l'opération d'inter-corrélation entre le signal reçu et la séquence de Kasami $x_i(n)$ générée localement.

Authentification de l'usage du spectre dans la radio cognitive [188]

Le concept de la radio cognitive fait référence à tout dispositif radio capable de changer ses paramètres de transmission ou de réception afin d'atteindre une communication efficace [196]. Une des applications intéressantes de la radio cognitive est l'accès dynamique au spectre. En effet, le spectre est attribué d'une manière statique par les organismes de réglementation. Avec la radio cognitive, il sera possible pour les utilisateurs sans licence d'utiliser les bandes de fréquence soumises à une licence à condition que le spectre soit libre. L'utilisateur avec licence est appelé utilisateur primaire et l'utilisateur sans licence est appelé utilisateur secondaire. Ainsi, les utilisateurs secondaires doivent effectuer une détection de l'usage du spectre par les utilisateurs primaires. Un utilisateur secondaire malveillant peut gagner un usage non justifié du spectre en émulant le comportement d'un utilisateur primaire. Cette attaque contre la radio cognitive est connue sous le nom *d'émulation d'un utilisateur primaire*. La solution à ce problème est l'authentification de l'usage du spectre par l'utilisateur primaire. Néanmoins, cette authentification doit répondre à certaines contraintes. D'abord, elle doit être conduite dans la couche physique. En effet, le système de réception de l'utilisateur secondaire n'implémente pas nécessairement toute la pile protocolaire de l'utilisateur primaire. Il ne sera donc pas en mesure de comprendre le contenu d'une authentification effectuée dans les couches supérieures. En outre, l'authentification doit être transparente aux récepteurs existants des utilisateurs primaires.

Afin d'authentifier l'usage du spectre, les auteurs proposent d'ajouter un *tag* au signal de l'utilisateur primaire. Ils décomposent le problème en deux sous-problèmes indépendants : la génération du *tag* et la transmission du *tag*. En ce qui concerne la génération du *tag*, l'utilisateur primaire génère la chaîne de hachage suivante :

$$h_n \to h_{n-1} \to \cdots h_1 \to h_0; \quad \text{où } h_i = hash(h_{i+1}).$$

L'utilisateur primaire envoie d'une manière répétitive h_i durant l'intervalle de temps $[t_{i-1}, t_i]$ (il envoie h_1 durant l'intervalle $[t_0, t_1]$).

Les auteurs proposent deux méthodes différentes pour la transmission du *tag*. La première méthode consiste à ajouter le *tag* à la modulation QPSK. La Figure 5.1(a) montre la constellation de la modulation QPSK ; quatre phases sont utilisées : $\frac{\pi}{4}$, $\frac{3\pi}{4}$, $\frac{5\pi}{4}$ et $\frac{7\pi}{4}$ portant deux bits d'information. Le diagramme de la phase I et la quadrature Q divisent le plan en quatre zones. La décision sur la valeur d'un symbole est prise selon la zone du signal reçu. L'ajout du *tag* est réalisé au moyen d'un déphasage de la constellation QPSK (*cf.* Figure 5.1(b)). Si le *tag* est 1 (*resp.* 0), la phase originale de la constellation QPSK est tournée d'un angle θ ; $0 < \theta < \frac{\pi}{4}$ dans la direction de l'axe Q (*resp.* l'axe I). Cette modification n'affecte pas le processus de démodulation des bits d'information puisque le symbole transmis après insertion du *tag* (*cf.* Figure 5.1(b)) demeure dans la même zone. La prise de décision sur le *tag* est réalisée suivant les régions représentées dans la Figure 5.1(c). Si le signal reçu tombe dans les régions 1 et 3, alors le *tag* est 1 ; sinon le *tag* est 0.

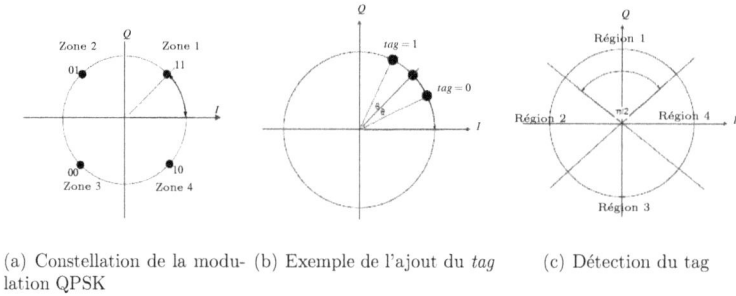

(a) Constellation de la modu- (b) Exemple de l'ajout du *tag* (c) Détection du tag
lation QPSK

FIGURE 5.1 – Addition du tag à la modulation [188].

La deuxième méthode proposée pour la transmission du *tag* consiste à l'ajout du *tag* au code correcteur d'erreurs. On considére un code en bloc linéaire systématique (n,k) dont la capacité de correction d'erreurs est t. Quelques bits de redondance du code seront remplacés par q bits du *tag* ; $q < t$. Certes, la capacité de correction d'erreurs se trouve réduite. Mais, le mécanisme est transparent à l'opération de décodage des récepteurs ignorants la présence du *tag*. L'utilisateur secondaire connaît les positions des bits du *tag* et donc il peut les détecter avant le décodage des données. Contrairement à la première méthode, la deuxième présente l'avantage d'une dépendance positive de la qualité de détection du *tag* envers la qualité de détection des données.

Embedding par réponse impulsionnelle fictive [190]

N. Goergen *et al.* ont proposé une méthode *d'embedding* pour une transmission MIMO. L'objet de *l'embedding* est de transporter une signature numérique permettant l'authentification de l'émetteur par les nouveaux récepteurs rejoignants le réseau sans fil. Par contre, *l'embedding* doit être transparent aux récepteurs déjà existants dans le réseau. La signature numérique est fournie en combinant la cryptographie asymétrique avec une fonction de hachage.

Une transmission MIMO utilise L_t antennes en émission et L_r antennes en réception ce qui apporte une diversité spatiale [197]. Cette diversité permet d'améliorer la robustesse de la communication. Un code spatio-temporel portant les symboles d'information est transmis à travers les N_t antennes d'émission durant M *slots* temporels. Le code est décrit par une matrice $U[t]$ de taille $L_t \times M$. L'idée *d'embedding* proposée repose sur l'application d'une fonction $F[t]$ au code spatio-temporel avant transmission. Cette fonction *d'embedding* imite les distorsions introduites par le canal qui pourront être corrigées par les algorithmes de prétraitement du récepteur comme l'égalisation. La fonction *d'embedding* est présente pour les blocs pairs et elle est omise pour les blocs impairs. Le signal reçu $Y[t] \in \mathbb{C}^{L_r \times M}$ peut être modélisé par :

$$Y[t] = \begin{cases} H[t]U[t] + N[t] & t = 2Mk - 1, \\ H[t]F[t]U[t] + N[t] & t = 2Mk. \end{cases}$$

$H[t] \in \mathbb{C}^{L_r \times L_t}$ est la matrice de coefficients du canal décrits par un évanouissement de Rayleigh quasi-statique. $N[t] \in \mathbb{C}^{L_r \times M}$ est modélisé par un bruit blanc gaussien complexe centré. Les distorsions introduites par la fonction *d'embedding* $F[t]$ et le canal $H[t]$ seront vues combinées par les récepteurs ignorants la présence de la signature numérique et elles seront corrigées par égalisation. L'omission et la présence de la fonction *d'embedding* pour deux blocs consécutifs permet la délimitation entre la matrice du canal et la fonction *d'embedding* par les récepteurs informés par la présence de la signature numérique. La détection du signal d'authentification nécessite la connaissance de l'état courant et l'état antérieur du canal $H[2Mk]$ et $H[2Mk - 1]$ et suppose la stationnarité du canal durant deux blocs de transmission.

5.2.2 Motivations et objectifs

Mon objectif est de concevoir des techniques *d'embedding* pour la radio UWB-IR. Le contexte d'utilisation comme a été mentionné dans la section 5.1 est l'ajout de sécurité au réseau UWB-IR. Certaines méthodes existantes proposées pour d'autres technologies sans fil nécessitent une adaptation afin d'être appliquées à la radio UWB-IR. Par exemple, la méthode de Tan *et al.* [188] consiste à ajouter le *tag* à la modulation QPSK ou bien au codage. Certes, la modulation QPSK n'est pas pratique pour la communication UWB-IR. Cependant, le même principe peut être appliqué aux modulations populaires BPSK et PPM en introduisant une variation sur l'amplitude dans le cas de la première modulation et un décalage temporel supplémentaire dans le cas de la deuxième modulation. La méthode qui consiste à ajouter le *tag* au codage peut être appliquée à tout système de communication employant les codes correcteurs d'erreurs. La méthode proposée par Goergen *et al.* [190] repose sur l'introduction d'une fonction *d'embedding* imitant les déformations introduites par le canal multi-trajets. Cette même idée peut être transposée pour la radio UWB-IR en introduisant en émission des trajets fictifs imitant le canal UWB. Il faut noter que ces pistes d'adaptation doivent être développées et testées avant d'être appliquées à la technologie UWB-IR. Le standard IEEE 802.15.4a [1] a introduit une forme *d'embedding* où le codage canal est porté par le bit de la phase. Ce bit sera vu par un récepteur cohérent qui bénéficiera d'un gain de codage et il sera transparent pour un récepteur non-cohérent.

Dans mon travail, je fais le choix de concevoir des techniques *d'embedding* qui sont spécifiques à la radio UWB-IR. Ce travail a fait l'objet d'une publication à la conférence internationale GLOBECOM 2012 [15].

5.3 Modèle du système

5.3.1 Système de référence

Le système de référence est décrit par un émetteur UWB-IR en communication en mode *broadcast* avec plusieurs récepteurs. La communication se fait au moyen de la transmission de paquets composés de deux parties : le préambule et les données. La couche physique UWB-IR utilisée est telle que décrite dans la section 1.4 du Chapitre 1. L'impulsion élémentaire est une ondelette gaussienne dont l'expression est donnée par l'équation (1.3). Je suppose que la modulation adoptée dans le système de référence est la modulation BPSK et le code de *mapping* est un code à répétition. Le signal transmis pour un symbole de données est décrit par l'équation (1.5) où $C_j = b, \forall j \in \{0, \ldots, N_f - 1\}$.

Les récepteurs du système de référence sont supposés employer les variantes du récepteur Rake : Rake-sélectif ou Rake-partiel dont les principes sont expliqués dans le paragraphe 1.6.2 du Chapitre 1. Ces variantes combinent P trajets du canal selon le principe de MRC.

5.3.2 Nouveau système avec sécurité

Le nouveau système doit intégrer une fonctionnalité de sécurité au système de référence en suivant le principe de *l'embedding*. L'élément de sécurité à ajouter dans la couche physique sera désigné par le *tag*. L'émetteur UWB-IR doit être modifié pour pouvoir inclure dans sa conception la transmission du *tag*. Les récepteurs UWB-IR déjà existants dans le système de référence doivent continuer à fonctionner normalement en présence du *tag* sans aucune modification. Par suite, l'insertion du *tag* doit être *transparente* à ces récepteurs. Je souligne que le *tag* ne sera ajouté que dans la partie données du paquet.

Le nouveau système après intégration de la sécurité comportera (*cf.* Figure 5.2) :

– l'émetteur UWB-IR modifié pour superposer le *tag* au signal d'origine ;
– les récepteurs non-sécurisés ignorant la présence du *tag* ;
– les récepteurs sécurisés capables de détecter et décoder le *tag*.

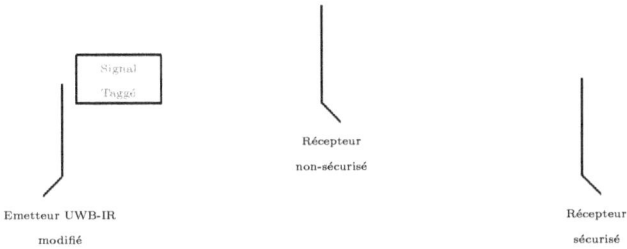

FIGURE 5.2 – Nouveau système avec sécurité.

Le mécanisme *d'embedding* doit satisfaire à certaines contraintes que je mentionne ci-après :

– (𝕮1) la puissance de transmission rayonnée par symbole reste la même que le système de référence ;
– (𝕮2) *l'embedding* est transparent aux récepteurs non-sécurisés ignorant la présence du *tag* ;
– (𝕮3) la qualité de détection des données par les récepteurs non-sécurisés peut être dégradée. Mais, cette dégradation ne doit pas excéder une certaine limite en terme du rapport signal-à-bruit. Arbitrairement, je considère une limite de 1 dB ;
– (𝕮4) la qualité de détection du *tag* doit être robuste au bruit et aux évanouissements.

5.4 Génération du *tag*

Je réponds dans cette section à la question qui se pose sur le contenu du *tag*. En effet, théoriquement, le *tag* peut être utilisé pour toute fonctionnalité de sécurité.

Pratiquement, la contrainte importante est liée à la longueur du *tag*. On ne peut pas superposer pour le *tag* plus d'informations que la partie données du paquet (je suppose que la longueur maximale de la partie données est 1024 bits max). Pour répondre à la question concernant le contenu du *tag*, je dois faire un choix sur l'usage. Dans ce travail, je considère le problème de *l'authentification* de l'émetteur.

L'authentification est fournie au moyen d'une fonction de hachage cryptographique comme SHA-256 paramétrée par une clé secrète. Le document [198] présente comment les fonctions de hachage peuvent être utilisées pour fournir l'authentification du message. L'émetteur UWB-IR modifié et le récepteur sécurisé partagent une clé secrète K. Le *tag* $\mathbf{t}$ est alors généré à partir de la fonction de hachage H, la clé K, la partie données du paquet $\mathbf{b}$ avant codage canal et un compteur *counter* :

$$\mathbf{t} = H(K, \mathbf{b}, counter). \tag{5.1}$$

L'intérêt du compteur est de protéger le mécanisme d'authentification contre les attaques par rejeu [199]. Je suppose que la sûreté du mécanisme d'authentification est garantie au moyen de ce primitif cryptographique et que l'étude de sécurité est en dehors du cadre de ce travail. La longueur du *tag* est $\ell = 128$ bits ce qui représente la moitié de la sortie de la fonction de hachage comme il est recommandé en [198]. Ainsi, la longueur du *tag* est relativement faible devant la longueur des données (1024 bits).

Le récepteur génère le *tag* de la même manière que l'émetteur après décodage canal des données (équation (5.1)). Il vérifie l'authenticité du paquet en comparant le *tag* reçu par rapport au *tag* généré localement.

5.5 Techniques *d'embedding*

Cette section est consacrée à la proposition des techniques de transmission du *tag* de telle sorte que la contrainte ($\mathfrak{C}2$) soit satisfaite. Le défi est de trouver dans quel élément de la couche physique UWB-IR le *tag* doit être inséré. Mon idée repose sur la superposition d'une forme d'onde à l'impulsion d'origine. Par conséquent, j'utilise deux impulsions superposées : l'impulsion d'origine $p(t)$ transportant le bit d'information b et une seconde impulsion $g(t)$ transportant le bit du *tag* t. Le *tag* est modulé suivant la modulation BPSK comme le bit d'information ; $t \in \{-1, 1\}$. Le nouveau signal transmis en présence du *tag* $x(t)$ pour une durée symbole peut être exprimé par :

$$x(t) = \sqrt{(1-\alpha)E_p} \sum_{j=0}^{N_f-1} b \cdot p(t - jT_f - S_j T_c) + \sqrt{\alpha E_p} \sum_{j=0}^{N_f-1} t \cdot g(t - jT_f - S_j T_c). \quad (5.2)$$

$\alpha \in]0,1[$ est un facteur d'échelle pris en compte pour répondre à la contrainte ($\mathfrak{C}1$) du système. Il traduit également le niveau *d'embedding* à l'image de [186]. J'impose que les deux impulsions superposées soient orthogonales.

Le signal du *tag* sera absent à la sortie du récepteur non-sécurisé grâce à la propriété d'orthogonalité entre les deux impulsions. Cette propriété permet ainsi de répondre à la contrainte ($\mathfrak{C}2$) du système. La structure du récepteur sécurisé est montrée dans la Figure 5.3. Le principe du récepteur *Rake* décrit dans le paragraphe 1.6.2 est appliqué en parallèle à la forme d'onde $p(t)$ et la forme d'onde $g(t)$. Avec cette structure, le récepteur sécurisé est capable de détecter le bit d'information et le bit du *tag* simultanément.

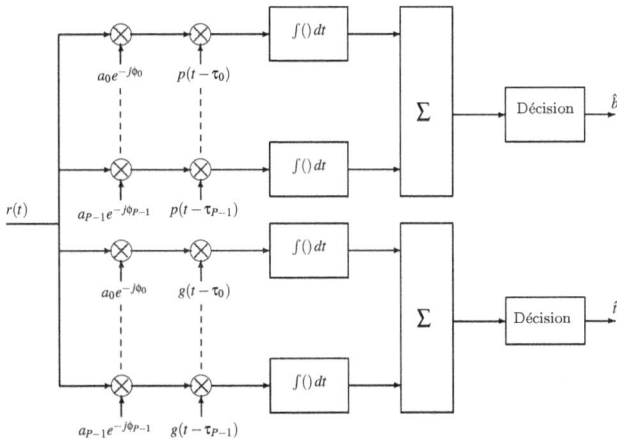

FIGURE 5.3 – Structure du récepteur sécurisé.

Il suffit maintenant de chercher une forme d'onde orthogonale à $p(t)$. Je propose deux solutions : la première repose sur la superposition d'une impulsion orthogonale en forme et l'autre orthogonale en position.

5.5.1 Superposition de deux impulsions orthogonales en forme

Un choix naturel pour $g(t)$ est d'exploiter l'orthogonalité des fonctions trigonométriques :

$$g(t) = \sqrt{\frac{2}{\sqrt{2\pi}\sigma}} \cdot \frac{t}{\sigma} \cdot e^{-\frac{t^2}{4\sigma^2}} \cdot \cos(2\pi f_c t). \qquad (5.3)$$

Pour être robuste aux interférences inter-impulsions entre les deux impulsions superposées, il est crucial d'avoir deux impulsions ayant des bonnes propriétés d'intercorrélation en plus de l'orthogonalité. La définition de l'intercorrélation entre deux signaux déterministes est rappelée par la Définition 8.

Définition 8 *L'intercorrélation $C_{fh}(\tau)$ entre deux signaux déterministes réels $f(t)$ et $h(t)$ pour un décalage τ est définie par :*

$$C_{fh}(\tau) = \int_{-\infty}^{+\infty} f(t+\tau)h(t)\,dt.$$

La Figure 5.4 représente l'intercorrélation entre $p(t)$ et $g(t)$ choisie selon l'équation (5.3) ; $f_c = 4,1$ GHz. Je fais remarquer plusieurs pics d'intercorrélation. A titre d'exemple, un décalage temporel de seulement $\tau = 60$ ps fait apparaître une intercorrélation maximale. Ainsi, ce choix de $g(t)$ n'est pas judicieux.

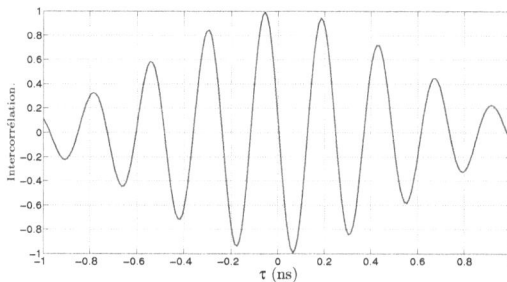

FIGURE 5.4 – Intercorrélation entre $p(t)$ et $g(t)$ choisie selon l'équation (5.3), durée 2 ns.

Impulsions d'Hermite

Les impulsions d'Hermite sont originaires des polynômes d'Hermite inventés par le mathématicien français Charles Hermite. Les polynômes d'Hermite sont définis par :

$$h_n(t) = (-\sigma)^n e^{t^2/2\sigma^2} \frac{d^n}{dt^n}(e^{-t^2/2\sigma^2}), \quad n \in \mathbb{N} \text{ et } t \in \mathbb{R};$$

où le paramètre σ est un facteur d'échelle. M. Ghavami et al. [26, 200] ont proposé l'utilisation des impulsions d'Hermite pour les systèmes UWB en se basant sur les polynômes d'Hermite modifiés comme suit :

$$p_n(t) = k_n e^{-t^2/4\sigma^2} h_n(t), \quad n \in \mathbb{N} \text{ et } t \in \mathbb{R}; \qquad (5.4)$$

où :

$$k_n = \sqrt{\frac{1}{\sigma n! \sqrt{2\pi}}}.$$

Les impulsions d'Hermite, contrairement aux polynômes d'Hermite, sont orthogonales mutuellement pour tous les ordres n. Ces impulsions ont été proposées pour les systèmes UWB avant la publication de la réglementation de la FCC [3] et elles ne respectent pas le masque réglementaire. Pour avoir une flexibilité dans le domaine fréquentiel, ces impulsions sont multipliées par une sinusoïde. Cette multiplication ne rompt pas la propriété d'orthogonalité pour tous les ordres.

Je remarque ici que l'impulsion du système de référence $p(t)$ correspond à l'impulsion d'Hermite modulée d'ordre 1. Je vais opter pour un choix d'une impulsion orthogonale à $p(t)$ parmi les impulsions d'Hermite modulées d'ordre 0, 2 ou 3. Les impulsions d'Hermite d'ordre plus élevé présentent un lobe principal d'autocorrélation plus étroit et donc la contrainte sur la synchronisation devient plus importante [200]. Le critère du choix de l'impulsion $\{g(t)\}$ est la minimisation de la moyenne quadratique de l'intercorrélation exprimé comme suit :

$$\{g\} = \min_{n \in \{0,2,3\}} \int_{[-T_p;T_p]} C^2_{pp_n}(\tau) \, d\tau. \qquad (5.5)$$

La Figure 5.5 représente les fonctions d'intercorrélation entre $p(t)$ et les impulsions d'Hermite d'ordre 0, 2 et 3 en fonction du décalage τ. C'est l'impulsion d'Hermite d'ordre 3 qui minimise le critère (5.5), permettant de sélectionner cette impulsion pour $g(t)$ qui s'écrit :

$$g(t) = \sqrt{\frac{1}{3\sqrt{2\pi}\sigma}} \cdot \left(\left(\frac{t}{\sigma}\right)^3 - 3\frac{t}{\sigma}\right) \cdot e^{-\frac{t^2}{4\sigma^2}} \cdot \sin(2\pi f_c t). \qquad (5.6)$$

La Figure 5.6 montre la représentation temporelle des deux impulsions superposées $p(t)$ et $g(t)$ ayant le même support temporel égal à 2 ns. De plus, sur la

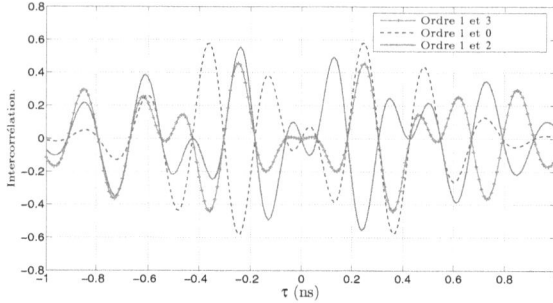

FIGURE 5.5 – Intercorrélation entre les impulsions d'Hermite des premiers ordre, durée 2 ns.

Figure 5.7, je montre l'autocorrélation des deux impulsions en fonction de τ. Les deux fonctions d'autocorrélation présentent presque le même lobe principal ce qui indique que l'addition de la seconde impulsion n'exige pas une contrainte supplémentaire sur la synchronisation du récepteur sécurisé.

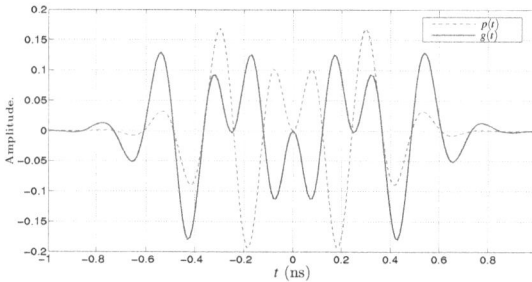

FIGURE 5.6 – Représentation temporelle des deux impulsions superposées.

5.5.2 Superposition de deux impulsions orthogonales en position

L'impulsion élémentaire du système de référence $p(t)$ reste la même ; une onde-lette gaussienne. L'orthogonalité par rapport à cette impulsion peut être obtenue en superposant la même impulsion mais n'ayant pas le même support temporel. Le signal transmis en présence du *tag* reste toujours donné par l'équation (5.2). Cependant, dans ce cas, l'impulsion superposée est $g(t) = p(t - \delta)$; où le décalage temporel

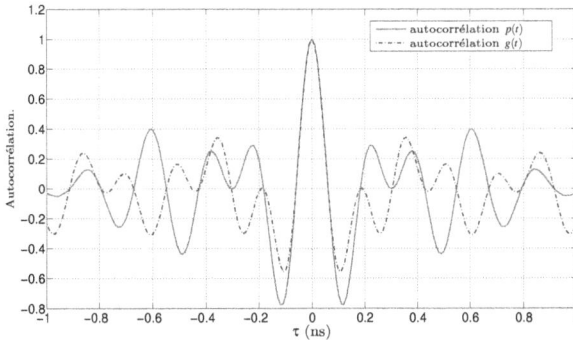

FIGURE 5.7 – Autocorrélation des deux impulsions superposées.

δ est égal à $T_c/2$. Je souligne que la durée de l'impulsion $T_p < T_c/2$.

5.6 Analyse des performances

Jusque là, je propose deux méthodes *d'embedding* répondant aux contraintes ($\mathfrak{C}1$) et ($\mathfrak{C}2$) du système. L'objectif de cette section est de compléter la conception des deux techniques *d'embedding* de telle manière qu'elles répondent aux contraintes ($\mathfrak{C}3$) et ($\mathfrak{C}4$). Il est à signaler qu'il existe un compromis entre ces deux contraintes. En effet, pour réduire l'impact sur la démodulation des données, le niveau *d'embedding* α doit diminuer. En revanche, pour améliorer la robustesse de la détection du *tag*, α doit augmenter. Afin de satisfaire les deux contraintes conjointement, je procède de la manière suivante. D'abord, je détermine les valeurs maximales de α répondant à la contrainte ($\mathfrak{C}3$). Ensuite, je considère comment améliorer la qualité de détection du *tag* avec les valeurs de α prédéterminées.

Le Tableau 5.2 résume les valeurs numériques des paramètres de la couche physique UWB-IR considérées tout au long de l'analyse.

5.6.1 Impact sur la démodulation des données

Cas du canal gaussien

L'énergie par bit des données se trouve réduite en raison de l'insertion du tag. Par suite, il y a une perte sur les performances de la démodulation des données. Pour un canal AWGN, la probabilité d'erreur sur les données P_{data} en présence du

Paramètre	Valeur
T_c	20 ns
N_c	8
T_f	160 ns
N_f	8
f_c	4,1 GHz
T_p	2 ns

TABLE 5.2 – Paramètres de la couche physique UWB-IR.

tag peut être exprimée par :

$$P_{data} = Q\left(\sqrt{\frac{2(1-\alpha)E_s}{N_0}}\right). \qquad (5.7)$$

J'attire l'attention que cette expression est valable pour les deux techniques *d'embedding*. A partir de l'équation (5.7), je peux déterminer analytiquement la valeur maximale de α permettant de répondre à la contrainte ($\mathfrak{C}3$) et elle vaut $\alpha \cong 0,21$. La Figure 5.8 représente les performances du récepteur non-sécurisé sans et avec *tag* obtenues analytiquement et par simulation pour les deux techniques *d'embedding*. Les résultats confirment que le niveau *d'embedding* $\alpha = 0,21$ assure une perte par rapport au système de référence inférieure à la limite de 1 dB dans tout l'intervalle E_s/N_0 étudié. De plus, les résultats de simulation sont en accord avec les résultats analytiques.

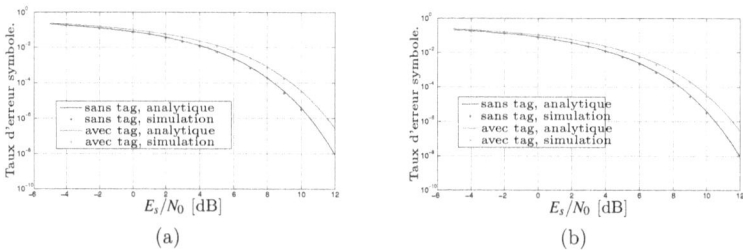

(a)   (b)

FIGURE 5.8 – Performances analytiques et par simulation du récepteur non-sécurisé sans/avec tag en présence d'un canal AWGN (a) première technique (b) deuxième technique.

Cas du canal multi-trajets

Afin de déterminer le niveau *d'embedding* nécessaire pour le canal multi-trajets, je vais procéder par simulation. Le modèle du canal UWB considéré dans la simulation est le canal CM1. En plus des récepteurs Rake-sélectif et Rake-partiel, je présente les résultats du Rake-complet pour comparaison avec le récepteur optimal. Le nombre de trajets combinés pour le Rake-sélectif et le Rake-partiel est fixé à $P = 10$. Je rappelle que le récepteur Rake nécessite l'opération d'estimation du canal. Dans la simulation, je suppose que l'estimation du canal est parfaite.

Le Tableau 5.3 rapporte les niveaux *d'embedding* nécessaires obtenus à partir de la simulation pour les deux techniques *d'embedding* et en fonction des différentes variantes de réception.

canal/récepteur	α (première technique)	α (deuxième technique)
AWGN	$0,21$	$0,21$
CM1, Rake-complet	$0,18$	$0,18$
CM1, Rake-sélectif	$0,14$	$0,14$
CM1, Rake-partiel	$0,09$	$0,09$

TABLE 5.3 – Niveau *d'embedding* en fonction du canal/récepteur.

Je remarque que le niveau *d'embedding* nécessaire pour le canal CM1 est plus faible que celui du canal AWGN. Ce constat est justifié par une certaine dégradation pour le canal CM1 par rapport au cas AWGN due à une perte d'orthogonalité entre les deux impulsions superposées. En effet, pour la première technique *d'embedding*, le canal CM1 introduit des interférences inter-impulsions qui peuvent causer une perte d'orthogonalité entre les différents composants multi-trajets des deux impulsions superposées $p(t)$ et $g(t)$. Ce phénomène justifie l'importance d'avoir recours à deux impulsions ayant des bonnes propriétés d'intercorrélation. En ce qui concerne la deuxième technique *d'embedding*, le décalage temporel entre les deux impulsions superposées est de $\delta = 10$ ns. L'étalement temporel du canal CM1 est plus grand que δ ce qui cause des interférences inter-impulsions responsables d'une certaine dégradation des performances. La Figure 5.9 (*resp.* Figure 5.10) montre les performances du récepteur non-sécurisé sans/avec *tag* avec les variantes de réception Rake-sélectif et Rake-partiel et en comparaison avec le Rake-complet pour la première (*resp.* deuxième) technique *d'embedding*. Les résultats sont représentés avec les niveaux *d'embedding* indiqués dans le Tableau 5.3. Je vérifie bien que la perte sur la démodulation des données en présence du *tag* ne dépasse pas la limite de 1 dB imposée par la contrainte ($\mathfrak{C}3$) dans tous les cas. Par ailleurs, la perte des variantes

Rake-sélectif et Rake-partiel avec $P = 10$ par rapport au Rake-complet est d'environ 5,5 dB.

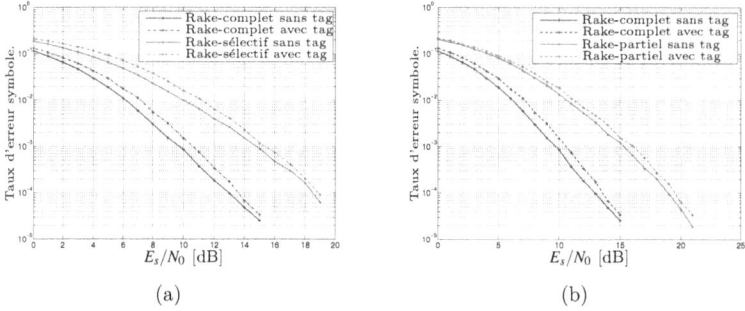

(a) (b)

FIGURE 5.9 – Performances du récepteur non-sécurisé sans/avec tag avec (a) Rake-sélectif (b) Rake-partiel en comparaison avec le Rake-complet, canal CM1 (première technique).

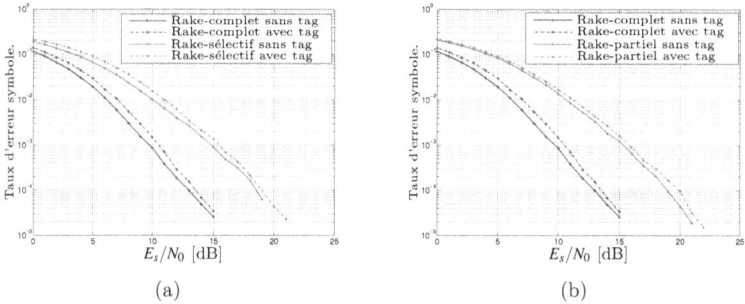

(a) (b)

FIGURE 5.10 – Performances du récepteur non-sécurisé sans/avec tag avec (a) Rake-sélectif (b) Rake-partiel en comparaison avec le Rake-complet, canal CM1 (deuxième technique).

5.6.2 Robustesse de la détection du *tag*

Le récepteur sécurisé décode le *tag* afin de vérifier l'authenticité de l'émetteur. Dans ce paragraphe, j'analyse la robustesse de la détection du *tag* aux erreurs (contrainte ($\mathfrak{C}$4)). Pour ce faire, je considère comme métrique *la probabilité d'échec de l'authentification* notée P_{am}. Elle est définie par la probabilité d'avoir au moins une erreur sur tout le *tag* de longueur ℓ bits. L'objectif est de maintenir P_{am} arbitrairement faible : $P_{am} < \varepsilon$. Je précise que la probabilité d'échec de l'authentification diffère de la probabilité d'erreur du *tag* mais les deux sont liées.

Sans codage

La probabilité d'erreur du *tag* P_{tag} peut être exprimée analytiquement pour le canal AWGN :

$$P_{tag} = Q\left(\sqrt{\frac{2\alpha E_s}{N_0}}\right). \qquad (5.8)$$

Quand au canal CM1, la probabilité d'erreur du *tag* est évaluée par simulation. je rappelle que les niveaux *d'embedding* sont tels qu'indiqués dans le Tableau 5.3. De plus, le nombre de trajets combinés des variantes Rake-sélectif et Rake-partiel pour la démodulation du *tag* reste $P = 10$. Je suppose que le système de référence fonctionne avec un rapport signal-à-bruit permettant un taux d'erreur sur les données égal à 10^{-4} avant décodage canal. Le Tableau 5.4 rapporte les rapports signal-à-bruit de fonctionnement et le taux d'erreur du *tag* P_{tag} correspondant en fonction du type de récepteur pour les deux techniques *d'embedding*. Dans ces conditions, le taux d'erreur du *tag* pour les deux canaux AWGN et CM1 et pour les différentes variantes de réception est compris entre $2 \cdot 10^{-2} \leq P_{tag} \leq 5 \cdot 10^{-2}$ pour la première technique *d'embedding* et entre $2 \cdot 10^{-2} \leq P_{tag} \leq 4,2 \cdot 10^{-2}$ pour la deuxième technique *d'embedding*. Le taux d'erreur du *tag* s'avère insuffisant et ne permet pas d'atteindre l'objectif $P_{am} < \varepsilon$. Ainsi, la faible puissance de transmission du *tag* cause de vraies difficultés pour la détection .

canal/récepteur	E_s/N_0	P_{tag} (première technique)	P_{tag} (deuxième technique)
AWGN	8,5 dB	$4 \cdot 10^{-2}$	$4 \cdot 10^{-2}$
CM1, Rake-complet	13 dB	$5 \cdot 10^{-2}$	$2,2 \cdot 10^{-2}$
CM1, Rake-sélectif	18,5 dB	$2 \cdot 10^{-2}$	$2 \cdot 10^{-2}$
CM1, Rake-partiel	19 dB	$4,7 \cdot 10^{-2}$	$4,2 \cdot 10^{-2}$

TABLE 5.4 – Taux d'erreur du *tag* en fonction du type de récepteur pour les deux techniques *d'embedding*.

Avec codage

La difficulté dans la détection du *tag* peut être résolue grâce au codage. J'applique un code en bloc linéaire binaire (n,k) aux bits du *tag*. Pour un décodage dur et en présence d'un canal binaire symétrique sans mémoire, une borne supérieure sur la probabilité d'erreur du mot du code P_{cw} peut être donnée [25] :

$$P_{cw} \leq \sum_{i=\lceil d_{min}/2+1 \rceil}^{d_{min}} \binom{d_{min}}{i} \cdot P_{tag}^i \cdot \left(1 - P_{tag}\right)^{d_{min}-i};$$ (5.9)

où d_{min} est la distance minimale du code. La probabilité d'échec de l'authentification peut être liée à la probabilité d'erreur du mot de code par la relation :

$$P_{am} = 1 - \left(1 - P_{cw}\right)^{\lceil \frac{\ell}{k} \rceil}.$$ (5.10)

Par conséquent, je peux déduire une borne supérieure sur la probabilité d'échec de l'authentification à partir de la borne supérieure sur la probabilité d'erreur du mot de code.

Afin d'illustrer l'objectif de la robustesse sur la détection du *tag*, je prends un exemple avec $\varepsilon = 10^{-10}$. Si j'applique un code BCH dont les paramètres sont les suivants : $(n = 127, k = 22, t = 23)$ aux bits du *tag*, alors j'établis l'objectif $P_{am} < \varepsilon$ pour les deux techniques *d'embedding*. Cet objectif est atteint pour les deux canaux AWGN et CM1 et pour les différentes variantes de réception. En utilisant ce code, la longueur du *tag* codé à transmettre devient 762 bits. Je rappelle que la longueur de la partie données du paquet est de 1024 bits. Ainsi, le *tag* codé peut être inséré dans un paquet pour l'authentifier.

5.6.3 Comparaison des deux techniques

Après analyse des deux techniques *d'embedding*, je peux conlure que les deux méthodes permettent de répondre à toutes les contraintes spécifiées dans le paragraphe 5.3.2. Les performances des deux techniques sont très proches. Dans les deux cas, la longueur totale du *tag* codé à transmettre est de 762 bits. Ainsi, l'établissement de l'orthogonalité sur la forme ou sur la position de l'impulsion sont deux choix possibles similaires en terme de performances.

5.7 Conclusion

Dans ce chapitre, j'ai proposé deux nouvelles techniques *d'embedding* particulières à la technologie UWB-IR. Le principe de ces techniques consiste en la superposition d'une impulsion orthogonale à l'impulsion d'origine. Dans un premier cas, l'orthogonalité est obtenue par la forme de l'impulsion et dans un second cas elle est obtenue par la position. Leur contexte d'utilisation est l'authentification de l'émetteur dans un réseau UWB-IR. J'ai réalisé une analyse des performances des deux techniques analytiquement et par simulation. L'analyse montre que ces deux techniques réussissent bien à répondre à toutes les contraintes en termes de transparence, impact sur la démodulation des données et robustesse de la détection du *tag*.

Une suite raisonnable de mes travaux serait d'examiner le coût d'implémentation des techniques proposées. D'autre part, j'ai évoqué dans le paragraphe 5.2.2, des pistes pour l'adaptation de certaines techniques existantes *d'embedding* à la radio UWB-IR. Ces pistes devraient être développées pour pouvoir les tester et comparer leurs performances aux techniques que j'ai proposées.

Afin de justifier l'utilité de *l'embedding*, une comparaison avec l'approche du multiplexage temporel pourrait être effectuée. J'imagine que cette comparaison pourrait être étudiée au moyen de la théorie de l'information. Néanmoins, le choix de *l'embedding* est justifié particulièrement pour des applications où la sécurité doit être implémentée dans la couche physique. Finalement, je pense que la problématique sur *l'embedding* dans les communications sans fil est un nouvel axe de recherche prometteur.

Conclusion générale

Contributions

Durant mes travaux de thèse, j'ai exploité les paramètres de la radio UWB-IR afin de résoudre certains problèmes de sécurité tels que le brouillage et les attaques par relais. Le code de saut-temporel s'est avéré un paramètre particulièrement intéressant pour obtenir conjointement la résistance à l'écoute et au brouillage. C'est aussi ce paramètre qui a offert la sécurité la plus élevée aux attaques par relais. De plus, j'ai tenté de trouver des réponses originales pour l'intégration de la sécurité en exploitant la forme d'onde de l'impulsion élémentaire.

Concernant les attaques par relais, deux nouveaux protocoles ont été proposés qui se basent respectivement sur l'utilisation du code de saut-temporel et des codes de *mapping* secrets. J'ai apporté trois contributions relatives au problème de brouillage. D'abord, les paramètres d'un brouilleur gaussien contre un récepteur non-cohérent traitant une modulation PPM ont été optimisés. Ensuite, j'ai décrit un nouveau modèle plus complet caractérisé par la considération de plusieurs scénarios de brouillage. Enfin, j'ai présenté une contre-mesure qui repose sur une modulation et un code de saut-temporel dépendants d'un mécanisme cryptographique (chiffrement par flot). La dernière contribution a concerné le problème d'intégration de la sécurité avec une contrainte de compatibilité. J'ai proposé deux méthodes *d'embedding* qui exploitent la forme ou la position de l'impulsion superposée au système de référence. Toutes ces contributions supportent l'intérêt de la technologie UWB-IR pour la sécurité par la couche physique.

Certains articles [201, 202] promettent que la sécurité par la couche physique pourra à terme supplanter les solutions basées uniquement sur la cryptographie. Je vois plutôt la sécurité par la couche physique comme une solution complémentaire à la cryptographie. En effet, elle vient renforcer les protocoles cryptographiques pour résoudre des problèmes qui ne peuvent pas être résolus par la cryptographie seule. Dans mes travaux, j'ai combiné cryptographie et paramètres de la couche physique. Les travaux décrits dans ce manuscrit permettent d'entrevoir des perspectives intéressantes pour cette approche hybride.

Perspectives

J'indique quatre perspectives que je juge particulièrement pertinentes. D'autres perspectives à mes travaux ont été également présentées dans les conclusions des chapitres.

Validation expérimentale des solutions proposées

Des nombreuses solutions proposées dans mes travaux nécessitent l'addition des circuits électroniques ce qui fait augmenter le coût et la consommation. La contre-mesure proposée dans le chapitre 4 exige l'ajout d'un circuit réalisant le chiffrement par flot à l'architecture UWB d'émission/réception. Cet ajout ne requiert pas une modification architecturale mais l'interfaçage entre le chiffrement par flot et l'architecture UWB doit être réalisé. Je propose dans le chapitre 5 deux nouvelles techniques *d'embedding*. La première technique nécessite l'introduction d'un générateur d'impulsions et la seconde l'introduction d'un élément de retard. Une implémentation réelle de toutes ces solutions permettrait de quantifier le surcoût exact en termes de surface, de complexité et de consommation.

Synchronisation sécurisée

J'ai introduit dans le chapitre 4 un nouveau modèle prévoyant plusieurs scénarios de brouillage selon les connaissances de l'adversaire. Si on applique ce modèle à la transmission du préambule de synchronisation du standard IEEE 802.15.4a, on peut constater que cette transmission se place dans le scénario de brouillage pire cas. En effet, le standard définit clairement le contenu et le code de saut-temporel utilisés par le préambule de synchronisation. Ainsi, la transmission du préambule est très vulnérable au brouillage ce qui ouvre la menace d'attaque contre la phase de synchronisation. Cette attaque est dangereuse puisqu'elle est capable de bloquer totalement la communication. Une direction importante de recherche serait de protéger la transmission du préambule de brouillage tout en continuant à assurer son rôle principal. Ceci exigerait nécessairement la modification de la structure du préambule qui ne pourrait rester conforme au standard.

Comparaison *embedding*/multiplexage-temporel

J'ai fait le choix dans le chapitre 5 d'ajouter la sécurité en suivant l'approche *d'embedding*. Cette approche se distingue du multiplexage-temporel où il y a une série de messages consacrés à la sécurité suivis des données . L'approche du multiplexage-temporel a l'avantage que les informations de sécurité sont reçues de la même qualité que les données. Cependant, le rendement de transmission des données se trouve réduit car certains bits transportent seulement la sécurité. Il serait intéressant de comparer l'efficacité des deux approches moyennant une étude poussée de la théorie de l'information.

Localisation sécurisée au moyen de la radio UWB-IR

Un atout de la radio UWB-IR est la capacité de localisation en environnement *indoor* avec une précision sub-métrique. D'ailleurs, le standard IEEE 802.15.4a prévoit un mode d'opération pour la localisation. Dans les travaux [120–123], les auteurs ont publié des attaques dédiées contre la localisation au moyen de la radio UWB-IR. Plusieurs des applications de localisation nécessitent des exigences fortes en sécurité. Ainsi, la sécurisation de la localisation au moyen de la radio UWB-IR devrait être une priorité. Les attaques décrites dans [120–123] sont effectuées dans la couche physique et ne peuvent pas être résolues par la cryptographie. Il est fort probable que les contre-mesures impliqueraient des solutions hybrides combinant cryptographie et des mécanismes de la couche physique.

Bibliographie

[1] *IEEE. 802.15.4a : Wireless Medium Access Control (MAC) and Physical Layer (PHY) Specifications for Low-Rate Personal Area Networks (LR-WPANs) - Amendment 1 : Add Alternate PHYs*, August 2007.

[2] *IEEE Standard for Local and Metropolitan Area Networks-Part 15.6 : Wireless Body Area Networks*, February 2012.

[3] "FCC. First Report and Order Regarding UWB Transmission," Federal Communication Commission, Washington, Technical Report ET Docket D.C. 20554, February 2002.

[4] J. Schwoerer, "Etudes et implémentation d'une couche physique UWB impulsionnelle à bas débit et faible complexité," Ph.D. dissertation, IETR-INSA de Rennes, 2006.

[5] J. Hamon, "Oscillateurs et architectures asynchrones pour le traitement des signaux radio impulsionnelle UWB," Ph.D. dissertation, Institut Polytechnique de Grenoble, 2009.

[6] B. Miscopein, "Systèmes UWB impulsionnels non cohérents pour les réseaux de capteurs : coexistence et coopération," Ph.D. dissertation, INSA de Lyon, 2010.

[7] S. M. Ekome, "Etude et conception d'une couche physique UWB-IR pour les réseaux BAN," Ph.D. dissertation, Université ESIEE Paris, 2012.

[8] G. Hancke, "A Practical Relay Attack on ISO 14443 Proximity Cards," Manuscript, University of Cambridge, UK, February 2005.

[9] A. Levi, E. Çetintas, M. Aydos, Çetin Kaya Koç, and M. U. Çaglayan, "Relay Attacks on Bluetooth Authentication and Solutions," in *International Symposium Computer and Information Sciences - ISCIS 2004*, ser. Lecture Notes in Computer Science 3280. Antalya, Turkey : Springer Verlag, October 2004, pp. 278–288.

[10] L. Francis, G. P. Hancke, K. E. Mayes, and K. Markantonakis, "Practical NFC Peer-to-Peer Relay Attack using Mobile Phones," in *Workshop on RFID Security - RFIDSec 2010*, Istanbul, Turkey, June 2010, pp. 35–49.

[11] A. Benfarah, B. Miscopein, J.-M. Gorce, C. Lauradoux, and B. Roux, "Distance Bounding Protocols on TH-UWB Radios," in *Proceedings of the 2010 IEEE Global Telecommunications Conference (Globecom 2010)*, Miami, USA, December 2010, pp. 1–6.

[12] A. Benfarah, B. Miscopein, and J.-M. Gorce, "Optimizing Jammer Model Against PPM UWB Non-coherent Receiver," in *Proceedings of the 2011 IEEE Conference on Ultra-Wideband (ICUWB 2011)*, Bologna, Italy, September 2011, pp. 560–564.

[13] A. Benfarah, B. Miscopein, C. Lauradoux, and J.-M. Gorce, "Towards Stronger Jamming Model : Application to TH-UWB Radio," in *Proceedings of the 2012 IEEE Wireless Communications and Networking Conference (WCNC 2012)*, Paris, France, April 2012, pp. 2473–2477.

[14] A. Benfarah, C. Lauradoux, and B. Miscopein, "Procédé d'émission radio impulsionnelle sécurisée," Patent INPI FR2012/051514, June, 2012.

[15] A. Benfarah, B. Miscopein, and J.-M. Gorce, "Security Embedding on UWB-IR Physical Layer," in *Communications and Information Systems Security Symposium at Globecom 2012*, California, USA, December 2012, p. to appear.

[16] R. A. Scholtz, "Multiple Access with Time Hopping Impulse Modulation - Invited Paper," in *IEEE Military Communications Conference. MILCOM'93*, Bedford, October 1993, pp. 447–450.

[17] C. E. Shannon, "Communication in the presence of noise," in *Proceedings of the IRE*, vol. 37, January 1949, pp. 10–21.

[18] A. F. Molisch, D. Cassioli, and M. Z. Win, "A Statistical Model for the UWB Indoor Channel," in *IEEE Vehicular Technology Conference*, Rhodes, Greece, May 2001, pp. 1159–1163.

[19] R. J. Fontana and S. J. Gunderson, "Ultra-Wideband Precision Asset Location System," in *2002 IEEE Conference on Ultra Wideband Systems and Technologies*, Maryland, USA, May 2002, pp. 147–150.

[20] "ECC Decision of 24 March 2006 amended 6 July 2007 at Constanta on the harmonized conditions for devices using Ultra-Wideband (UWB) technology in bands below 10.6 GHz," Electronic Communication Commitee, Tech. Rep. ECC/DEC/(06)04, March 2006.

[21] "ECC Decision of 01 December 2006 amended 31 October 2008 on supplementary regulatory provisions to ECC/DEC/(06)04 for UWB devices using mitigation techniques," Electronic Communication Commitee, Tech. Rep. ECC/DEC/(06)12, October 2008.

[22] M. Z. Win and R. A. Scholtz, "Impluse radio : how it works," *IEEE Communications Letters*, vol. 2, pp. 36–38, February 1998.

[23] J. T. Conroy, J. LoCicero, and D. Ucci, "Communication Techniques Using Monopulse Waveforms," in *IEEE Military Communications Conference Proceedings MILCOM'98*, Boston, Massachusetts, November 1999, pp. 1181–1185.

[24] I. Oppermann, M. Hämäläinen, and J. Iinatti, *UWB Theory and Applications*. John Wiley & Sons, Ltd, 2004.

[25] J. G. Proakis, *Digital Communications*. Mc Graw-Hill International Editions, third edition, 1995.

[26] M. Ghavami, L. B. Michael, and R. Kohno, "A Novel UWB Pulse Shape Modulation System," *Kluwer International Journal on Wireless Personal Communications*, vol. 3, no. 1, pp. 105–120, August 2002.

[27] I. Güvenc and H. Arslan, "Design and Performance analysis of the sequences for UWB-IR systems," in *Proceedings of IEEE Wireless Communications and Networking Conference*, Atlanta Georgia, USA, March 2004, pp. 914–919.

[28] P. Kumar, R. Scholtz, and C. J. Corrado-Bravo, "Some problems and results in ulta-wideband signal design," *Sequences and their applications, Springer Verlag Discrete Mathematics and Theoritical Computer Science Series*, 2002.

[29] M. S. Iacobucci and M. G. D. Benedetto, "Time hopping codes in impulse radio multiple access communication systems," in *Proceedings of International Workshop 3G Infrastructure Services*, Athens, Greece, July 2001, pp. 171–175.

[30] M. K. Simon, J. K. Omura, R. A. Scholtz, and B. K. Levitt, *Spread Spectrum Communications Handbook*. McGraw-Hill, 2002.

[31] A. F. Molisch, K. Balakrishnan, D. Cassioli, C.-C. Chong, S. Emami, A. Fort, J. Karedal, J. Kunisch, H. Schantz, U. Schuster, and K. Siwiak, "IEEE 802.15.4a channel model- final report," IEEE 802.15.4a Channel Sub-Committee, Technical Report ET Document IEEE 802.15-04-0662-02-004a, 2005.

[32] A. Saleh and R. Valenzuela, "A Statistical Model for Indoor Multipath Propagation," *IEEE Journal on Selected Areas in Communications*, vol. 5, no. 2, pp. 128–137, February 1987.

[33] Y. Souilmi and R. Knopp, "On the achievable rates of ultra-wideband PPM with non-coherent detection in multipath environments," in *IEEE International Conference on Communications (ICC)*, Alaska, USA, May 2003, pp. 3530–3534.

[34] G. M. Maggio and L. Reggiani, "A Reduced-Complexity Acquisition Algorithm for UWB Impulse Radio," in *IEEE Conference on UWB Systems and Technologies*, Virginia, USA, November 2003, pp. 131–135.

[35] B. Miscopein and J. Schwoerer, "Low complexity synchronization algorithm for non-coherent UWB-IR receivers," in *IEEE 65th Vehicular Technology Conference 2007 VTC2007-Spring* , Dublin, Ireland, April 2007, pp. 2344–2348.

[36] Y. Ying, M. Ghogho, and A. Swami, "Code-Assisted Synchronization for UWB-IR Systems : Algorithms and Analysis," *IEEE Transactions on Signal Processing*, vol. 56, no. 10, pp. 5169–5180, October 2008.

[37] R. Price and P. E. Green, "A communication technique for multipath channels," in *Proceedings IRE*, March 1958, pp. 555–570.

[38] M. Z. Win, G. Chrizikos, and N. R. Sollenberger, "Performance of Rake Reception in Dense Multipath Channels : implications of spreading bandwidth and selection diversity order," *IEEE Journal on Selected Areas in Communications*, vol. 18, no. 8, pp. 1516–1525, 2000.

[39] D. Cassioli, M. Z. Win, F. Vatalaro, and A. F. Molisch, "Low Complexity Rake Receivers in Ultra-Wideband Channels," *IEEE Transactions on Wireless Communications*, vol. 6, no. 4, pp. 1265–1275, 2007.

[40] R. A. Scholtz and M. Z. Win, "Impulse Radio," in *Personal Indoor Mobile Radio Conference (PIMRC)*, Helsinki, Finland, September 1997, pp. 245–267.

[41] M. Z. Win and R. A. Scholtz, "Energy capture vs. Correlator Resources in Ultra Wide Bandwidth Wireless Communication Channel," in *IEEE Military Communications Conference MILCOM'97* , Piscataway, NJ, November 1997, pp. 1277–1281.

[42] I. Guvenç and H. Arslan, "Performance Evaluation of UWB Systems in the Presence of Timing Jitter," in *IEEE Conference on Ultra Wideband Systems and Technologies*, Virginia,USA, November 2003, pp. 136–141.

[43] H. Urkowitz, "Energy Detection of Unknown Deterministic Signals," in *Proceedings of the IEEE*, vol. 55, no. 4, 1967, pp. 523–531.

[44] P. A. Humblet and M. Azizoglu, "On the Bit Error Rate of Lightwave Systems with Optical Amplifiers," *Journal of Lightwave Technology*, vol. 9, no. 11, pp. 1576–1582, November 1991.

[45] D. A. Shnidman, "The Calculation of the Probability of Detection and the Generalized Marcum Q-Function," *IEEE Transactions on Information Theory*, vol. 35, no. 2, pp. 389–400, March 1989.

[46] S. Paquelet, L.-M. Aubert, and B. Uguen, "An Impulse Radio Asynchronous Transceiver for High Data Rates," in *Proceedings of joint UWBST & IWUWBS*, Kyoto, Japan, May 2004, pp. 1–5.

[47] L. M. Aubert, "Mise en place d'une couche physique pour les futurs systèmes de radiocommunications hauts débits UWB," Ph.D. dissertation, IETR-INSA de Rennes, 2005.

[48] S. Dubouloz, B. Denis, S. de Rivaz, and L. Ouvry, "Performance Analysis of LDR UWB Non-Coherent Receivers in Multipath Environments," in *IEEE International Conference on Ultra-Wideband*, Zurich, Switzerland, September 2005, pp. 491–496.

[49] "IEEE standard for information technology- telecommunications and information exchange between systems- local and metropolitan area networks- specific requirements part 15.4 : Wireless Medium access control (MAC) and physical layer (PHY) specifications for low-rate wireless personal area networks (WPANs)," IEEE Computer Society, LAN/MAC Standard Committee, Tech. Rep. IEEE Std 802.15.4-2006, 2006.

[50] L. Buttyan and J.-P. Hubaux, *Security and cooperation in wireless networks*, draft ed. Cambridge University Press, 2007.

[51] D. Welch and S. Lathrop, "Wireless Security Threat Taxonomy," in *Proceedings of the 2003 IEEE Workshop on Information Assurance*, United States Military Academy, West Point, NY, June 2003, pp. 76–83.

[52] Y. Desmedt, C. Goutier, and S. Bengio, "Special Uses and Abuses of the Fiat-Shamir Passport Protocol," in *Advances in Cryptology – CRYPTO'87*, ser. Lecture Notes in Computer Science 293. Santa Barbara, California, USA : Springer-Verlag, August 1988, pp. 21–39.

[53] A. Francillon, B. Danev, and S. Čapkun, "Relay Attacks on Passive Keyless Entry and Start Systems in Modern Cars," Cryptology ePrint Archive, Tech. Rep. 210/332, 2010.

[54] Z. Kfir and A. Wool, "Picking Virtual Pockets Using Relay Attacks on Contactless Smartcard Systems," in *International Conference on Security and Privacy for Emerging Areas in Communication Networks (SecureComm 2005)*, Athens, Greece, September 2005.

147

[55] A. J. Menezes, P. C. Oorschot, and S. Vanstone, *Handbook of Applied Cryptography*. CRC Press, 1997.

[56] C. E. Shannon, "Communication theory of secrecy systems," *Bell System Technology Journal*, vol. 28, pp. 656–715, 1949.

[57] G. S. Vernam, "Cipher printing telegraph systems for secret wire and radio telegraphic communications," *Journal of the American Institute of Electrical Engineers*, vol. 55, pp. 109–115, 1926.

[58] M. Videau, "Critères de sécurité des algorithmes de chiffrement à clé secrète," Ph.D. dissertation, Université Paris 6, 2005.

[59] "A Pedagogical Implementation of A5/1," Tech. Rep., May 1999. [Online]. Available : http://www.scard.org

[60] *Bluetooth Specification, version 1.1*. [Online]. Available : www.bluetooth.org/spec/

[61] "The RC4 Encryption Algorithm," RSA Data Security Incorporation, Tech. Rep., March 1992.

[62] A. Maximov, T. Johansson, and S. Babbage, "An Improved Correlation Attack on A5/1," in *Selected Areas in Cryptography, LNCS 3357*. Ontario, Canada : Springer-Verlag, August 2004, pp. 1–18.

[63] J. Golić, V. Bagini, and G. Morgari, "Linear Cryptanalysis of Bluetooth Stream Cipher," in *EUROCRYPT-2002, LNCS 2332*. Amsterdam, Netherlands : Springer-Verlag, May 2002, pp. 238–255.

[64] A. Stubblefield, J. Loannidis, and A. D. Rubin, "Using the Fluhrer, Martin and Shamir attack to break WEP," in *Proceedings of the Network and Distributed System Security Symposium, NDSS 2002*, San Diego, California, USA, February 2002, pp. 17–22.

[65] eSTREAM. The ECRYPT Stream Cipher Project. [Online]. Available : http://www.ecrypt.eu.org/stream/

[66] M. J. B. Robshaw and O. Billet, *New Stream Cipher Designs - The eSTREAM Finalists*, ser. Lecture Notes in Computer Science 4986. Springer, 2008.

[67] M. Hell, T. Johansson, and W. Meier, "Grain - A Stream Cipher for Constrained Environments," eSTREAM report 2005/010, 2005. [Online]. Available : http://www.ecrypt.eu.org/stream/papers.html

[68] T. Siegenthaler, "Correlation-immunity of nonlinear combining functions for cryptographic applications," *IEEE Transactions on Information Theory*, vol. IT-30, no. 5, pp. 776–780, 1984.

[69] N. Courtois and W. Meier, "Algebraic attacks on stream ciphers with linear feedback," in *In Advances in Cryptology EUROCRYPT-2003*, ser. Lecture Notes in Computer Science 2729. Warsaw, Poland : Springer Verlag, May 2003, pp. 345–359.

[70] "Data Encryption Standard (DES)," National Institute of Standards and Technology, Tech. Rep. 46-2, 1993.

[71] "The Advanced Encryption Standard (AES)," National Institute of Standards and Technology, Tech. Rep., 2001.

[72] W. Diffie and M. Hellman, "New Directions in Cryptography," *IEEE Transactions on Information Theory*, vol. 22, no. 6, pp. 644–654, November 1976.

[73] A. D. Wyner, "The wire-tap channel," *Bell System Technical Journal*, vol. 54, pp. 1355–1387, 1975.

[74] I. Csiszar and J. Korner, "Broadcast channels with confidential messages," *IEEE Transactions on Information Theory*, vol. 24, no. 3, pp. 339–348, 1978.

[75] N. J. A. Sloane, "Error-Correcting Codes and Cryptography Part I," *Cryptologia*, vol. 6, no. 2, pp. 128–153, April 1982.

[76] S. K. Leung-Yan-Cheong and M. E. Hellman, "The Gaussian Wiretap Channel," *IEEE Transactions on Information Theory*, vol. 24, no. 4, pp. 451–456, July 1978.

[77] J. Barros and M. R. D. Rodrigues, "Secrecy Capacity of Wireless Channels," in *IEEE International Symposium on Information Theory (ISIT'06)*, Seattle, WA, July 2006, pp. 356–360.

[78] M. Bloch, J. Barros, M. R. D. Rodrigues, and S. W. McLaughlin, "An opportunistic physical-layer approach to secure wireless communications," in *Allerton Conference on Communication Control and Computing*, Monticello, IL, USA, September 2006, pp. 849–854.

[79] Y. Liang and V. H. Poor, "Secure communication over fading channels," in *Allerton Conference on Communication Control and Computing*, Monticello IL, USA, September 2006, pp. 817–823.

[80] A. Khisti, G. Wornell, A. Wiesel, and Y. Eldar, "On the Gaussian MIMO Wiretap Channel," in *IEEE International Symposium on Information Theory*, Nice, France, June 2007, pp. 2471–2475.

[81] R. Bustin, R. Liu, H. V. Poor, and S. Shamai, "An MMSE approach to the secrecy capacity of the MIMO Gaussian wiretap channel," *EURASIP special issue on Wireless Physical Security*, 2009.

[82] Y. Liang, H. V. Poor, and S. Shamai, "Secrecy capacity region of fading broad-cast channels," in *IEEE International Symposium on Information Theory*, Nice, France, June 2007, pp. 1291–1295.

[83] R. Liu, T. Liu, H. V. Poor, and S. Shamai, "MIMO gaussian broadcast chan-nels with confidential messages," in *IEEE Symposium on Information Theory*, Seoul, Korea, July 2009, pp. 2757–2761.

[84] H. Mahdavifar and A. Vardy, "Achieving the Secrecy Capacity of Wiretap Channels Using Polar Codes," *IEEE Transactions on Information Theory*, vol. 57, no. 10, pp. 6428–6443, October 2011.

[85] A. Thangaraj, S. Dihidar, A. R. Calderbank, S. W. McLaughin, and J. M. Merolla, "Applications of LDPC codes to the wiretap channels," *IEEE Tran-sactions on Information Theory*, vol. 53, no. 8, pp. 2933–2945, August 2007.

[86] D. Klinc, J. Ha, S. W. McLaughlin, J. Barros, and B.-J. Kwak, "LDPC Codes for the Gaussian Wiretap Channel ," *IEEE Transactions on Information Fo-rensics and Security*, vol. 6, no. 3, pp. 532–540, September 2011.

[87] E. Hof and S. Shamai, "Secrecy-Achieving Polar-Coding," in *IEEE Information Theory Workshop*, Dublin, Ireland, September 2010, pp. 1–5.

[88] O. O. Koyluoglu and H. ElGamal, "Polar Coding for Secure Transmission and Key Agreement," *IEEE Transactions on Information Forensics and Security*, vol. 7, no. 5, pp. 1472–1483, October 2012.

[89] J. Muramatsu and S. Miyake, "Construction of Codes for the Wiretap Channel and the Secret Key Agreement From Correlated Source Outputs Based on the Hash Property," *IEEE Transactions on Information Theory*, vol. 58, no. 2, pp. 671–692, February 2012.

[90] C. H. Bennett, G. Brassard, and J.-M. Robert, "Privacy amplification by public discussion," *SIAM Journal Computing*, vol. 17, no. 2, pp. 210–229, April 1988.

[91] U. Maurer, "Secret key agreement by public discussion from common informa-tion," *IEEE Transactions on Information Theory*, vol. 39, pp. 733–742, May 1993.

[92] J. E. Hershey, A. A. Hassan, and R. Yarlagadda, "Unconventional cryptogra-phic keying variable management," *IEEE Transactions on Communications*, vol. 43, no. 1, pp. 3–6, January 1995.

[93] A. A. Hassan, W. E. Stark, J. E. Hershey, and S. Chennakeshu, "Cryptographic key agreement for mobile radio," *Digital Signal Processing Magazine*, vol. 6, pp. 207–212, 1996.

[94] H. Koorapaty, A. A. Hassan, and S. Chennakeshu, "Secure information transmission for mobile radio," *IEEE Communications Letters*, vol. 4, pp. 52–55, February 2000.

[95] A. Sayeed and A. Perring, "Secure wireless communications : secret keys through multipath," in *IEEE International Conference on Acoustics, Speech and Signal Processing*, Las Vegas, Nevada, USA, April 2008, pp. 3013–3016.

[96] B. A. Sadjadi, A. Kiayias, A. Mercado, and B. Yener, "Robust key generation from signal envelopes in wireless networks," in *Proceedings of the 14th ACM conference on Computer and Communications Security CCS'07*, Alexandria, USA, November 2007, pp. 401–410.

[97] J. Croft, N. Patwari, and S. K. Kasera, "Robust uncorrelated bit extraction methodologies for wireless sensors," in *Proceedings of the 9th ACM/IEEE Conference on Information Processing in Sensor Networks ISPN'10*, Stockholm, Sweden, April 2010, pp. 70–81.

[98] Z. Li, W. Xu, R. Miller, and W. Trappe, "Securing wireless systems via lower layer enforcements," in *Proceedings of the 5th ACM workshop on Wireless Security*, Los Angeles, California, September 2006, pp. 33–42.

[99] M. G. Madiseh, M. L. McGuire, S. S. Neville, L. Cai, and M. Horie, "Secret key generation and agreement in UWB communication channels," in *IEEE Global Telecommunications Conference GLOBECOM 2008*, New Orleans, USA, December 2008, pp. 1–5.

[100] C. Ye, A. Reznik, G. Sternberg, and Y. Shah, "On the secrecy capabilities of ITU channels," in *66th IEEE Vehicular Technology Conference*, Baltimore, USA, October 2007, pp. 2030–2034.

[101] S. Jana, S. N. Premnath, M. Clark, S. K. Kasera, N. Patwari, and S. V. Krishnamurthy, "On the effectiveness of secret key extraction from wireless signal strength in real environments," in *Proceedings of the 15th annual International Conference on Mobile Computing and Networking MobiCom'09*, Beijing, China, September 2009, pp. 321–332.

[102] S. Mathur, W. Trappe, N. Mandayam, C. Ye, and A. Reznik, "Radio-telepathy : extracting a secret key from an unauthenticated wireless channel," in *Proceedings of the 14th ACM International Conference on Mobile Computing and Networking*, San Francisco, California, September 2008, pp. 128–139.

[103] M. Wilhelm, I. Martinovic, and J. B. Schmitt, "Secret keys from entangled sensor motes : implementation and analysis ," in *Proceedings of the third ACM*

conference on Wireless Network Security WiSec'10, NJ, USA, March 2010, pp. 139–144.

[104] A. Bharadwaj and J. K. Townsend, "Evaluation of the Covertness of Time-Hopping Impulse Radio Using a Multi-Radiometer Detection System," in *Military Communications Conference MILCOM 2001*, McLean, VA, October 2001, pp. 128–134.

[105] D. R. McKinstry and R. M. Buehrer, "Issues in the performance and covertness of UWB communication systems," in *The 45th Midwest Symposium on Circuits and Systems MWSCAS-2002*, Tulsa, Oklahoma, August 2002, pp. III–601–III–604.

[106] L. Zhao and A. M. Haimovich, "Performance of ultra-wideband communications in the presence of interference," *IEEE Journal on Selected Areas in Communications*, vol. 20, no. 9, pp. 1684–1691, December 2002.

[107] X. Chu and R. D. Murch, "The Effect of NBI on UWB Time-Hopping Systems," *IEEE Transactions on Wireless Communications*, vol. 3, no. 5, pp. 1431–1436, September 2004.

[108] C. Steiner and A. Wittneben, "On the Interference Robustness of Ultra-Wideband Energy Detection Receivers," in *IEEE International Conference on Ultra-Wideband, ICUWB 2007*, Singapore, September 2007, pp. 721–726.

[109] A. Rabbachin, T. Q. S. Quek, P. C. Pinto, I. Oppermann, and M. Z. Win, "UWB Energy Detection in the Presence of Multiple Narrowband Interferers," in *IEEE International Conference on Ultra-Wideband, ICUWB 2007*, Singapore, September 2007, pp. 857–862.

[110] M. Ko and D. L. Goeckel, "Wireless Physical-Layer Security Performance of UWB Systems," in *Military Communications Conference MILCOM 2010*, San Jose, CA, November 2010, pp. 2143–2148.

[111] X. Xianzhong and G. Nan, "UWB Relay with Physical Layer Security Enhancement," in *Proceedings of 2010 International Conference on Ultra-Wideband (ICUWB 2010)*, Nanjing, China, September 2010, pp. 1–4.

[112] A. Kitaura, T. Sumi, K. Tachibana, H. Iwai, and H. Sasaoka, "A Scheme of Private key Agreement Based on Delay Profiles in UWB Systems," in *2006 IEEE Sarnoff Symposium*, Princeton, NJ, March 2006, pp. 1–6.

[113] R. Wilson, D. Tse, and R. A. Scholtz, "Channel Identification : Secret Sharing Using Reciprocity in Ultrawideband Channels," *IEEE Transactions on Information Forensics and Security*, vol. 2, no. 3, pp. 364–375, September 2007.

[114] S. Tmar, "Signal-Based Security in Wireless Networks," Ph.D. dissertation, Inria de Grenoble, 2012.

[115] S. Tmar, J.-B. Pierrot, and C. Castelluccia, "An adaptative quantization algorithm for secret key generation using radio channel measurements," in *Proceedings of the 3rd International Conference on new Technologies, Mobility and Security*, Istanbul, Turkey, December 2009, pp. 59–63.

[116] S. Brands and D. Chaum, "Distance-Bounding Protocols," in *Advances in Cryptology – EUROCRYPT'93*, ser. Lecture Notes in Computer Science 765. New York : Springer-Verlag, May 1993, pp. 344–359.

[117] G. Hancke and M. Kuhn, "An RFID Distance Bounding Protocol," in *Conference on Security and Privacy for Emerging Areas in Communication Networks – SecureComm 2005*. Athens, Greece : IEEE Computer Society, December 2005, pp. 67–73.

[118] N. O. Tippenhauer and S. Čapkun, "ID-Based Secure Distance Bounding and Localization," in *European Symposium on Research in Computer Security - ESORICS 2009*, ser. Lecture Notes in Computer Science 5789. Saint Malo, France : Springer Verlag, September 2009, pp. 621–636.

[119] M. Kuhn, H. Luecken, and N. O. Tippenhauer, "UWB Impulse Radio Based Distance Bounding," in *7th Workshop on Positioning, Navigation and Communication 2010 (WPNC'10)*, Dresden, Germany, March 2010.

[120] M. Flury, M. Poturalski, P. Papadimitratos, J.-P. Hubaux, and J.-Y. LeBoudec, "Effectiveness of Distance-decreasing Attacks Against Impulse Radio Ranging," in *3rd ACM Conference on Wireless Network Security (WiSec'10)*, Hoboken, NJ, USA, March 2010.

[121] M. Flury, "Interference Robustness and Security of Impulse-Radio Ultra-Wide Band Networks ," Ph.D. dissertation, Ecole Polytechnique Fédérale de Lausanne, 2010.

[122] M. Poturalski, M. Flury, P. Papadimitratos, J. P. Hubaux, and J. Y. L. Boudec, "The Cicada Attack : Degradation and Denial of Service in IR Ranging," in *IEEE International Conference on Ultra-Wideband, ICUWB 2010*, Nanjing, China, September 2010, pp. 1–4.

[123] M. Poturalski, "Secure Neighbor Discovery and Ranging in Wireless Networks," Ph.D. dissertation, Ecole Polytechnique Fédérale de Lausanne, 2011.

[124] D. Dardari, A. Conti, U. Ferner, A. Giorgetti, and M. Z. Win, "Ranging with ultrawide bandwidth signals in multipath environments," *Proceedings IEEE*, vol. 97, no. 2, pp. 404–426, 2009.

[125] S. Tmar, J.-B. Pierrot, and C. Castelluccia, "Empirical Analysis of UWB Channel Characteristics for Secret Key Generation in Indoor Environments," in *21st Annual IEEE International Symposium on Personal, Indoor and Mobile Radio Communications (PIMRC 2010)*, Istanbul, Turkey, September 2010, pp. 1984–1989.

[126] I. S. Reed and G. Solomon, "Polynomial Codes Over Certain Finite Fields," *Journal of the Society for Industrial and Applied Mathematics*, vol. 8, no. 2, pp. 300–304, 1960.

[127] "Information technology-Security techniques-Entity Authentication -Part2 : Mechanisms using symmetric encipherment algorithms," International Organization for Standardization, Genève, Switzerland, Tech. Rep. ISO/IEC 9798-2, 2008.

[128] J. H. Conway, *On Numbers and Games*. Academic Press, London-New-San Francisco, 1976.

[129] A. Fiat and A. Shamir, "How to prove yourself : Practical solutions to identification and signature problems," in *Crypto'86*, Santa Barbara, California, USA, August 1986, pp. 11–15.

[130] Y. Chen, W. Xu, W. Trappe, and Y. Y. Zhang, *Securing Emerging Wireless Systems, Lower-Layer Approaches*. Springer, 2009.

[131] S. Čapkun and J.-P. Hubaux, "Secure Positioning in Wireless Networks," *IEEE Journal on Selected Areas in Communications : Special Issue on Security in Wireless Ad Hoc Networks*, vol. 24, no. 2, pp. 221–232, February 2006.

[132] J. Bachrach and C. Taylor, *Handbook of Sensor Networks*. Wiley, 2005, ch. Localization in Sensor Networks.

[133] N. Sastry, U. Shankar, and D. Wagner, "Secure verification of location claims," in *Proceedings of the ACM Workshop on Wireless Security*. San Diego, USA : ACM, September 2003, pp. 1–10.

[134] S. Čapkun, L. Buttyán, and J.-P. Hubaux, "SECTOR : Secure Tracking of Node Encounters in Multi-hop Wireless Networks," in *ACM Workshop on Security of Ad Hoc and Sensor Networks – SASN'03*. Washington, DC, USA : ACM, 2003, pp. 21–32.

[135] J. Munilla and A. Peinado, "Distance bounding protocols for RFID enhanced by using void-challenges and analysis in noisy channels," *Wireless Communications and Mobile Computing*, vol. 8, no. 9, pp. 1227–1232, 2008.

[136] G. Avoine, C. Floerkemeier, and B. Martin, "RFID Distance Bounding Multistate Enhancement," in *Progress in Cryptology - INDOCRYPT 2009*, ser.

Lecture Notes in Computer Science 5922. Chennai, India : Springer Verlag, December 2009, pp. 290–307.

[137] G. Avoine and A. Tchamkerten, "An Efficient Distance Bounding RFID Authentication Protocol : Balancing False-acceptance Rate and Memory Requirement," in *Information Security Conference-ISC'09*, ser. Lecture Notes in Computer Science, vol. 5735. Pisa, Italy : Springer Verlag, September 2009, pp. 250–261.

[138] C. H. Kim and G. Avoine, "RFID Distance Bounding Protocols with Mixed Challenges," *IEEE Transactions on Wireless Communications*, vol. 10, no. 5, pp. 1618–1626, May 2011.

[139] J. Reid, J. G. Neito, T. Tang, and B. Senadji, "Detecting Relay Attacks with Timing-Based Protocols," in *Proceedings of the 2nd ACM Symposium on Information, Computer and Communications Security-ASIACCS'07*, Singapore, March 2007, pp. 204–213.

[140] C. H. Kim, G. Avoine, F. Koeune, F. X. Standaert, and O. Pereira, "The Swiss-Knife RFID Distance Bounding Protocol," in *International Conference on Information Security and Cryptology-ICISC'08*, vol. 5461. Seoul, Korea : Lecture Notes in Computer Science, December 2008, pp. 98–115.

[141] D. Singelée and B. Preneel, "Distance Bounding in Noisy Environments," in *European Workshop on Security in Ad-hoc and Sensor Networks ESAS'07*, vol. 4572. Cambridge, UK : Lecture Notes in Computer Science, July 2007, pp. 101–115.

[142] F. Troesch, C. Steiner, T. Zasowski, T. Burger, and A. Wittneben, "Hardware aware optimization of an ultra low power UWB communication system ," in *IEEE International Conference on Ultra-Wideband, ICUWB 2007*, Singapore, September 2007.

[143] C. H. Kim and G. Avoine, "RFID distance bounding protocol with mixed challenges to prevent relay attacks," Report, Cryptology ePrint Archive 2009/310, 2009.

[144] P. Papadimitratos, M. Poturalski, P. Schaller, P. Lafourcade, D. Basin, S. Čapkun, and J.-P. Hubaux, "Secure Neighborhood Discovery : A Fundamental Element for Mobile AdHoc Networking," *IEEE Communications Magazine*, pp. 132–139, February 2008.

[145] G. Avoine and C. H. Kim, "Mutual Distance Bounding Protocols," *IEEE Transactions on Mobile Computing*, vol. PP, no. 99, pp. 1–11, 2012.

[146] I. Boureanu, A. Mitrokotsa, and S. Vaudenay, "On the Pseudorandom Function Assumption in (Secure) Distance-Bounding Protocols PRF-ness alone Does Not Stop the Frauds!" in *LATINCRYPT 2012*. Santiago, Chile : Springer-Verlag, October 2012, pp. 100–120.

[147] C. Cremers, K. B. Rasmussen, B. Schmidt, and S. Čapkun, "Distance Hijacking Attacks on Distance Bounding Protocols," in *2012 IEEE Symposium on Security and Privacy*, San Francisco, CA, May 2012, pp. 113–127.

[148] C. Dimitrakakis, A. Mitrokotsa, and S. Vaudenay, "Expected loss bounds for authentication in constrained channels," in *IEEE International Conference on Computer Communications (IEEE INFOCOM 2012)*, Orlando, Florida, USA, March 2012, pp. 478–485.

[149] U. Dürholz, M. Fischlin, M. Kasper, and C. Onete, "A Formal Approach to Distance-Bounding RFID Protocols," in *IACR Cryptology ePrint Archive*. Taormina, Italy : Springer-Verlag, March 2011, pp. 47–62.

[150] D. Basin, S. Čapkun, P. Schaller, and B. Schmidt, "Let's get physical : Models and methods for real-word security protocols," in *Proceedings of the 22nd International Conference on Theorem Proving in Higher Order Logics, TPHOL'09*. Munich, Germany : Springer-Verlag, August 2009, pp. 1–22.

[151] G. P. Hancke, "Distance-Bounding for RFID : Effectiveness of terrorist fraud in the presence of bit errors," in *IEEE International Conference on RFID-Technologies and Applications (RFID-TA)*, Nice, France, November 2012, pp. 91–96.

[152] L. H. Nguyen, "Rational Distance-Bounding Protocol over Noisy Channel," in *Proceedings of the 4th International Conference on Security of Information and Networks*, Sydney, Australia, November 2011, pp. 49–56.

[153] A. Abu-Mahfouz and G. P. Hancke, "Distance Bounding : A Practical Security Solution for Real-Time Location Systems," *IEEE Transactions on Industrial Informatics*, vol. 9, no. 1, pp. 1–11, February 2013.

[154] A. Ranganathan, N. L. Tippenhauer, B. Škoric, D. Singelee, and S. Čapkun, "Design and Implementation of a Terrorist Fraud Resilient Distance Bounding System," in *ESORICS 2012*, Pisa, Italy, September 2012, pp. 415–432.

[155] K. B. Rasmussen and S. Čapkun, "Realization of RF Distance Bounding Protocol," in *Proceedings of the 19th USENIX Security Symposium*, Washington, DC, August 2010, pp. 389–402.

[156] H. J. Landau and H. O. Pollak, "Prolate spheroidal wave functions, Fourier analysis and uncertainty ," *Bell System Technology*, vol. 41, pp. 1295–1336, 1962.

[157] R. A. Poisel, *Modern Communications Jamming Principles and Techniques*. Artech House Publishers, 2004.

[158] D. L. Adamy, *A Second Course in Electronic Warfare*. Artech House Radar Library, 2004.

[159] D. J. Torrieri, *Principles of Secure Communication Systems*. Second Edition, Norwood, MA : Artech House, 1992.

[160] R. L. Pickholtz, D. L. Schilling, and L. B. Milstein, "Theory of spread-spectrum communications - A tutorial," *IEEE Transactions on Communications*, vol. COM-30, no. 5, pp. 855–884, May 1982.

[161] F. M. Hsu and A. A. Giordano, "Digital Whitening Techniques for Improving Spread Spectrum Communications Performance in the Presence of Narrow-band Jamming and Interference ," *IEEE Transactions on Communications*, vol. COM-26, no. 2, pp. 209–216, February 1978.

[162] L. B. Milstein, S. Davidovici, and D. L. Schilling, "The Effect of Multiple-Tone Interfering Signals on a Direct Sequence Spread Spectrum Communication System," *IEEE Transactions on Communications*, vol. COM-30, no. 3, pp. 436–446, March 1982.

[163] H. Li, P. Pei, Y. Huang, and Q. Yang, "Performance of the direct sequence spread spectrum system with single-tone jamming," in *IEEE International Conference on Information Theory and Information Security*, Beijing, China, December 2010, pp. 458–461.

[164] J. J. Kang and K. C. Teh, "Performance of coherent fast frequency-hopped spread-spectrum receivers with partial-band noise jamming and AWGN," *IEE Proceedings Communications*, vol. 152, no. 5, pp. 679–685, October 2006.

[165] B. K. Levitt, "FH/MFSK Performance in Multitone Jamming," *IEEE Transactions on Selected Areas in Communications*, vol. SAC-3, no. 5, pp. 627–643, September 1985.

[166] J.-J. Chang and L. S. Lee, "An Exact Performance Analysis of the Clipped Diversity Combining Receiver for FH/MFSK Systems Against a Band Multitone Jammer," *IEEE Transactions on Communications*, vol. 42, no. 4, pp. 700–710, April 1994.

[167] R. Tesi, M. Hämäläinen, J. Iinatti, and V. Hovinen, "On the influence of pulsed jamming and coloured noise in UWB transmission," in *4th International*

Symposium on Wireless Personal Multimedia Communications, Aalborg, Denmark, September 2001, pp. 449–453.

[168] T. Wang, Y. Wang, and K. Chen, "Improving the jam resistance performance of UWB impulse radio independently of time hopping codes," in *Proceedings of IEEE Vehicular Technology Conference VTC*, Milan, Italy, Spring 2004, pp. 1475–1479.

[169] T. Wang, "Improving processing gain of UWB systems with NBI by signal parameters selection independent of TH codes," *European Transactions on Telecommunications*, vol. 16, pp. 567–571, September 2005.

[170] J. D. Choi and W. E. Stark, "Performance analysis of ultra-wideband spread-spectrum communications in narrowband interference," in *Proceedings of IEEE Military Communications Conference*, Anaheim, CA, October 2002, pp. 1075–1080.

[171] A. Giorgetti, M. Chiani, and M. Z. Win, "The effect of narrowband interference on wideband wireless communication systems," *IEEE Transactions on Communications*, vol. 53, pp. 2139–2149, December 2005.

[172] E. M. Shaheen and M. El-Tanany, "BER analysis of UWB systems in the presence of narrowband interference in Lognormal multipath fading channels," in *IEEE Military Communications Conference*, Boston, USA, October 2009, pp. 1–7.

[173] A. Rabbachin, T. Q. S. Quek, P. C. Pinto, I. Oppermann, and M. Z. Win, "Non-Coherent UWB Communication in the Presence of Multiple Narrowband Interferers," *IEEE Transactions on Wireless Communications*, vol. 9, no. 11, pp. 3365–3379, November 2010.

[174] T. T. Song, *Fundamentals of probability and statistics for engineers*. John Wiley & Sons Ltd, 2004.

[175] D. Bukofzer, "On the squared gaussian narrowband process and its utility in the characterization on the PDF of the product of two gaussian variates," in *IEEE International Symposium on Information Theory*, Budabest, Hungary, June 1991, p. 73.

[176] M. Cluzeau, "Reconstruction of a Linear Scrambler," in *IEEE International Symposium on Information Theory ISIT 2004*, Chicago, IL, USA, June 2004, pp. 230–236.

[177] ——, "Reconstruction of a Linear Scrambler," *IEEE Transactions on Computers*, vol. 56, no. 9, pp. 1283–1291, September 2007.

[178] S. W. Golomb and G. Gong, *Signal Design for Good Correlation for Wireless Communication, Cryptography and Radar.* Cambridge University Press, 2005.

[179] J. L. Massey, "Shift-register synthesis and BCH decoding," *IEEE Transactions on Information Theory*, vol. IT-15, no. 1, pp. 122–127, January 1969.

[180] C. Pöper, N. O. Tippenhauer, B. Danev, and S. Čapkun, "Investigation of Signal and Message Manipulations on the Wireless Channel," in *ESORICS 2011*, Leuven, Belgium, September 2011, pp. 40–59.

[181] C. I. Podilchuk and E. J. Delp, "Digital Watermarking : Algorithms and Applications," *IEEE Signal Processing Magazine*, vol. 18, no. 4, pp. 33–46, July 2001.

[182] I. Cox, M. Miller, and A. McKellips, "Watermarking as communications with side information," *Proceedings of the IEEE*, vol. 87, no. 7, pp. 1127–1141, July 1999.

[183] H. C. A. van Tilborg, *Encyclopedia of Cryptography and Security.* Springer, 2005.

[184] J. E. Kleider, S. Gifford, S. Chuprun, and B. Fette, "Radio frequency watermarking for OFDM wireless networks," in *IEEE International Conference on Acoustics, Speech, and Signal Processing*, Montreal, Canada, May 2004, pp. 397–400.

[185] P. Yu, J. S. Baras, and B. M. Sadler, "Physical-Layer Authentication," *IEEE Transactions on Information Forensics and Security*, vol. 3, no. 1, pp. 38–51, March 2008.

[186] X. B. Wang, Y. Y. Wu, and B. Caron, "Transmitter identification using embedded pseudo random sequences," *IEEE Transactions on Broadcasting*, vol. 50, no. 3, pp. 244–252, September 2004.

[187] F. Yang, L. N. Hu, L. Gui, Z. Wang, and W. Zhang, "Transmitter Identification With Watermark Signal in DVB-H Single Frequency Network," *IEEE Transactions on Broadcasting*, vol. 55, no. 3, pp. 663–667, September 2009.

[188] X. Tan, K. Borle, W. Du, and B. Chen, "Cryptographic Link Signatures for Spectrum Usage Authentication in Cognitive Radio," in *Proceedings of the Fourth ACM Conference on Wireless Network Security WiSec'11*, Hamburg, Germany, June 2011, pp. 1–12.

[189] N. Goergen, T. C. Clancy, and T. R. Newman, "Physical Layer Authentication Watermarks Through Synthetic Channel Emulation," in *New Frontiers in Dynamic Spectrum Access Networks (DySPAN'10)*, Singapore, April 2010, pp. 1–7.

[190] N. Goergen, W. S. Lin, K. J. R. Liu, and T. C. Clancy, "Authenticating MIMO Transmissions Using Channel-Like Fingerprinting," in *IEEE Globecom'10 proceedings*, December 2010, pp. 1–6.

[191] ——, "Extrinsic Channel-Like Fingerprinting Overlays Using Subspace Embedding," *IEEE Transactions on Information Forensics and Security*, vol. 6, no. 4, pp. 1355–1369, December 2011.

[192] *ATSC, ATSC Standard A/53 : ATSC Digital Television Standard*, September 1995.

[193] Y. T. Lee, S. I. Park, S. W. Kim, C. T. Ahn, and J. S. Seo, "ATSC terrestrial digital television broadcasting using single frequency networks," *ETRI Journal*, vol. 26, no. 2, pp. 92–100, April 2004.

[194] "Design of Synchronized Multiple Transmitter Networks," ATSC, Washington, Recommended Practice A/111, September 2004.

[195] D. V. Sarwate and M. B. Pursley, "Crosscorrelation properties of pseudorandom and related sequences," *Proceedings of the IEEE*, vol. 68, no. 5, pp. 593–619, May 1980.

[196] J. M. III and G. Q. Maguire, "Cognitive radio : making software radios more personal," *IEEE Personal Communications Magazine*, vol. 4, pp. 13–18, August 1999.

[197] E. Biglieri, R. Calderbank, A. Constantinides, A. Goldsmith, A. Paulraj, and H. V. Poor, *MIMO Wireless Communications*. Cambridge University Press, 2007.

[198] M. Bellare, R. Canetti, and H. Krawczyk, "Keying Hash Functions for Message Authentication," in *Advances in Cryptology-CRYPTO'96 Proceedings*, ser. Lecture Notes in Computer Science 4117. Springer Verlag, 1996, pp. 1–15.

[199] B. Preneel, "Cryptographic Primitives for Information Authentication - State of the Art," in *State of the Art in Applied Cryptography, Course on Computer Security and Industrial Cryptography - Revised Lectures*, ser. Lecture Notes in Computer Science 1528. Springer, 1998, pp. 49–104.

[200] M. Ghavami, L. B. Michael, and R. Kohno, *Ultra Wideband Signals and Systems in Communication Engineering*. John Wiley & Sons, Ltd, 2004.

[201] D. S. Ha and P. R. Schaumont, "Replacing cryptography with ultra wideband (uwb) modulation in secure RFID," in *IEEE International Conference on RFID*, Texas, USA, March 2007, pp. 23–29.

[202] M. Bloch, "Physical-Layer Security," Ph.D. dissertation, Georgia Institute of Technology, 2008.

www.ingramcontent.com/pod-product-compliance
Lightning Source LLC
Chambersburg PA
CBHW021052210326
41598CB00016B/1185